施工企业安全生产评价

——JGJ/T 77—2010 详解

主　编：姜　敏
副主编：陶为农　叶伯铭
主　审：秦春芳

中国建筑工业出版社

图书在版编目（CIP）数据

施工企业安全生产评价——JGJ/T 77—2010 详解/
姜敏主编. —北京：中国建筑工业出版社，2011.11
ISBN 978-7-112-13453-3

Ⅰ.①施… Ⅱ.①姜… Ⅲ.①施工单位-安全生产-
安全评价-中国 Ⅳ.①TU714

中国版本图书馆 CIP 数据核字（2011）第 156337 号

责任编辑：李 阳
责任设计：陈 旭
责任校对：赵 颖 刘 钰

施工企业安全生产评价
——JGJ/T 77—2010 详解
主 编：姜 敏
副主编：陶为农 叶伯铭
主 审：秦春芳

*

中国建筑工业出版社出版、发行（北京西郊百万庄）
各地新华书店、建筑书店经销
北京红光制版公司制版
北京市密东印刷有限公司印刷

*

开本：850×1168 毫米 1/32 印张：5¼ 字数：138 千字
2011 年 10 月第一版 2012 年 7 月第三次印刷
定价：**18. 00** 元
ISBN 978-7-112-13453-3
(21194)

本书编写人员

编委会：

主　任： 王树平　蒋曙杰

副主任： 邵长利　曾　明　黄忠辉

委　员： 邓　谦　王天祥　俞恩泽　张常庆

　　　　　赵华新

编写组：

主　编： 姜　敏

副主编： 陶为农　叶伯铭

主　审： 秦春芳

成　员：（以汉语拼音排序）

　　　　　曹奋立　陈　治　丁炳华　傅胜国

　　　　　康　利　陆　奕　马利恩　戚耀奇

　　　　　唐虹冰　汤学权　陶建华　吴晓宇

　　　　　徐福康　徐亚红　姚培庆

前　言

中华人民共和国行业标准《施工企业安全生产评价标准》JGJ/T 77—2003（以下简称"2003 版《评价标准》"）实施以来，在配合施工企业安全生产许可证管理，实施施工企业安全生产评价、复查和动态管理，促进施工企业健全、完善安全生产条件，提升安全生产能力、提高安全生产绩效等方面，发挥了积极作用。

根据原建设部《关于印发〈2006 年工程建设标准规范制订、修订计划（第一批）〉的通知》（建标［2006］77 号）的要求，由上海市建设工程安全质量监督总站作为修订主编单位，对 2003 版《评价标准》进行修订。

在修订过程中，编制组认真地总结 2003 版《评价标准》实施过程中的经验和问题，通过多种渠道广泛征求各方意见和建议，并考虑近年来法定要求的变化和提高，反复研究和讨论 2003 版《评价标准》需要改进和完善的内容，以使修订后的新版《评价标准》更加科学合理，文字表述更加清晰，更便于理解和操作。

修订后的《施工企业安全生产评价标准》JGJ/T 77—2010（以下简称"2010 版《评价标准》"）由中华人民共和国住房和城乡建设部于 2010 年 5 月 18 日发布，自 2010 年 11 月 1 日起实施，2003 版《评价标准》同时废止。

为了更好地贯彻执行 2010 版《评价标准》，本标准的主编单位——上海市建设工程安全质量监督总站，组织有关专家依据相关法律法规、标准规范，结合实际与工作经验，认真分析讨论，编写了《施工企业安全生产评价——JGJ/T 77—2010 详解》。

本书针对 2010 版《评价标准》中关于施工企业安全生产五项评价考核内容的评定项目及其评分标准、评分方法和安全生产评价等级的规定，对其理解和实施要点逐条进行详细、具体的阐述，对依据每项评分标准如何进行评分操作进行了说明，特别明确了在评分过程中对扣分幅度较大的评分标准如何把握的具体扣分细则，便于评价方和被评价方都能正确理解 2010 版《评价标准》的要求，掌握评分要点，规范评价方法，提高评价质量，保证评价活动的合理性、准确性和一致性，促进施工企业安全工作的标准化和规范化水平，提高安全管理的有效性和效率，持续提升安全生产的整体业绩。

上海渡舟建设工程管理咨询有限公司、上海市施工现场安全生产保证体系第一审核认证中心、上海市施工现场安全生产保证体系第二审核认证中心、上海闵极建筑咨询有限公司、上海陈立道建筑安全咨询工作室和上海浦惠建设管理有限公司等单位参与了本书的编写工作。

目　　录

第一章 概 述

第一节 2010版《评价标准》修订概述

一、2010版《评价标准》内容

（一）基本内容

2010版《评价标准》规定了施工企业安全生产评价的基本技术要求，共5章：第1章总则、第2章术语、第3章评价内容、第4章评价方法、第5章评价等级以及附录A施工企业安全生产评价表、附录B施工企业安全生产评价汇总表等，其中附录A分为5张评价评分用表式，表式构成如下：

附录A 施工企业安全生产评价表

表A-1	安全生产管理评分表
表A-2	安全技术管理评分表
表A-3	设备和设施管理评分表
表A-4	企业市场行为评分表
表A-5	施工现场安全管理评分表

附录B 施工企业安全生产评价汇总表

（二）适用范围

2010版《评价标准》适用于对施工企业安全生产条件和能力的内部评价和外部评价。施工企业安全生产评价，除应执行本标准的规定外，尚应符合国家现行有关标准的规定。

二、2010版《评价标准》修订的指导思想

（1）安全生产评价的内容应遵循"安全第一、预防为主、综合治理"的方针，应能更加切实、有效地促进施工企业改进和完

善安全生产条件，建立和健全安全绩效持续改进的长效管理机制，降低和消除安全风险，减少和预防事故发生，保障从业人员人身安全，保证生产经营活动顺利进行。

（2）安全生产评价的结果应能更加全面、真实、有效地反映施工企业安全生产管理的水平和实效。

（3）解决2003版《评价标准》过于注重企业管理层内部管理，未能反映施工现场实际状况的问题，积极地引导施工企业重视将安全生产管理活动与施工现场的落实情况有机结合，强化施工现场管理，消除安全隐患，确保安全生产。

三、2010版《评价标准》修订的基本原则

（1）改变标准写法。将标准评分表的内容按照法律法规确定的安全生产制度要求改写为条文形式，把标准评分表作为评价活动的辅助工具。

（2）扩大适用范围。针对不同施工企业的管理特征，明确了准入评价、现状评价、专项评价等评价类型，以适应各类评价的需求。

（3）调整部分内容。结合当前国家、住房和城乡建设部的各项最新规定，根据安全生产许可条件，补充相关要求。强调对危险性较大的分部分项工程的监管，以及安全质量标准化工作的推行要求。

四、2010版《评价标准》修订的主要技术内容

（1）抓住源头。将2003版《评价标准》"评价内容"附录A中表A.0.1~表A.0.4及附录B共5张评分表的内容按照现行法律法规的要求进行了调整和充实，形成了考核施工企业安全生产条件的安全生产管理、安全技术管理、设备和设施管理、企业市场行为和施工现场安全管理等5张评分表，符合安全法律法规发展的要求，也更贴近施工企业应重视现场管理的特点。

将安全管理延伸到"市场行为"，转变理念，抓住源头，将市场行为作为企业安全生产的基础条件，强调企业必须满足并始

终保持，否则不得进入建筑市场，或者必须清出建筑市场，确保安全生产的工作环境。

（2）突出现场。在"评价方法"中，突出了对施工现场安全管理的考核，将施工现场安全检查达标、安全生产和文明施工措施费、分包资格和资格管理、重大隐患排查和治理、事故应急准备、设备、设施和工艺选用、意外伤害保险等有关考核内容与要求在现场的落实情况，作为考核施工企业安全生产条件和能力的主要指标。

考虑到工程项目是安全生产的出发点、立足点，工程项目施工现场检查获取信息的方式最直接，信息更可靠、更准确、更有价值，因此以施工现场安全管理评价替代2003版《评价标准》安全生产业绩考核，并加大了施工现场安全管理评价考核的比重和作用。

（3）分类评价。在"评价等级"中，取消2003版《评价标准》依据安全生产条件单项和安全生产业绩单项综合评价结果分为"合格"、"基本合格"、"不合格"的模式，改为按有无在建施工现场进行评价，有在建施工现场的评价结果分为"合格"、"不合格"，无在建施工现场的评价结果分为"基本合格"、"不合格"。

第二节　安全生产条件的概念

一、安全生产（术语2.0.2）

为预防生产过程中发生事故而采取的各种措施和活动。

是指企业在生产经营活动中，为避免造成人员伤害和财产损失的事故而采取相应的事故预防和控制措施，以保证从业人员的人身安全，保证生产经营活动得以顺利进行的相关活动。

二、安全生产条件（术语2.0.3）

满足安全生产所需要的各种因素及其组合。

是指企业能够胜任安全生产工作的主客观条件。

2004 年 7 月 5 日建设部第 128 号令发布的《建筑施工企业安全生产许可证管理规定》明确建筑施工企业应具备的安全生产条件包括以下 12 个方面：

（1）建立、健全安全生产责任制，制定完备的安全生产规章制度和操作规程；

（2）保证本单位安全生产条件所需资金的投入；

（3）设置安全生产管理机构，按照国家有关规定配备专职安全生产管理人员；

（4）主要负责人、项目负责人、专职安全生产管理人员经建设主管部门或者其他有关部门考核合格；

（5）特种作业人员经有关业务主管部门考核合格，取得特种作业操作资格证书；

（6）管理人员和作业人员每年至少进行一次安全生产教育培训并考核合格；

（7）依法参加工伤保险，依法为施工现场从事危险作业的人员办理意外伤害保险，为从业人员交纳保险费；

（8）施工现场的办公、生活区及作业场所和安全防护用具、机械设备、施工机具及配件符合有关安全生产法律、法规、标准和规程的要求；

（9）有职业危害防治措施，并为作业人员配备符合国家标准或者行业标准的安全防护用具和安全防护服装；

（10）有对危险性较大的分部分项工程及施工现场易发生重大事故的部位、环节的预防、监控措施和应急预案；

（11）有生产安全事故应急救援预案、应急救援组织或者应急救援人员，配备必要的应急救援器材、设备；

（12）法律、法规规定的其他条件。

三、安全生产能力

为预防生产过程中发生事故的主观因素。

注意 2010 版《评价标准》中"安全生产条件"、"安全生产能力"、"安全生产条件和能力"等不同用词内涵的理解。

企业从初次进入建筑市场，到今后的不断发展，在任何发展阶段，企业首先应具备法律法规规定的，且与自身发展相适应的基本的安全生产条件；其次，在企业具备基本安全生产条件的基础上，能始终保持条件且不断深化发展，也就是企业能够成功完成安全生产工作中的各项任务，并积累经验，此时，企业可称为具备安全生产能力。

企业具备安全生产能力的实现方式包括三个要素：

（1）企业安全生产方针目标明确；

（2）有效落实安全生产所需的各种因素及其组合；

（3）逐项实现安全生产目标分解的业绩。

落实安全生产所需的各种因素及其组合是指建立安全生产责任制；制定安全管理制度和操作规程；排查治理隐患和监控重大危险源；建立预防机制；规范生产行为；使各生产环节符合有关安全生产法律、法规和标准、规范的要求，人、机、物、环境处于良好的生产状态，并持续改进，不断加强企业安全生产规范化建设。

第三节　施工企业安全生产评价的概念

一、施工企业（术语 2.0.1）

从事土木工程、建筑工程、线路管道和设备安装工程、装修工程的企业。

二、评价

是指通过详细、仔细的研究和评估，确定对象的意义、价值或者状态的活动。

（1）评价的过程是一个对评价对象的判断过程。

（2）评价的过程是一个综合计算、观察和咨询等方法的复合分析过程。

通过评价者对评价对象的各个方面，根据评价标准进行量化和非量化的测量活动，最终得出一个可靠的并且符合逻辑的结论。

（3）评价者主要是对某个对象进行评价的主观能动体。

评价者可以是一个人或一个小组。评价人员也称为评价员，由具有相应知识、技能和素质的人员担任，由若干个评价员组成的小组称为评价组。

（4）评价具有诊断功能、导向功能和激励功能。

评价者通过定量评分客观地对评价对象作出综合评价，发现不足和问题，提出改进要求，跟踪整改效果，并结合实际为评价对象提供增值服务。

三、施工企业安全生产评价

为获得评价证据并对施工企业的安全生产条件和能力进行客观评价，以确定其满足评价准则，完成安全生产工作中各项任务，保证从业人员的人身安全和财产的完好，保证施工生产经营活动得以顺利进行的可能性所进行的系统的、独立的并形成文件的活动。

（一）评价准则

用作与评价证据进行比较的依据。

施工企业安全生产评价的评价准则主要是《施工企业安全生产评价标准》及其相关的《施工现场安全检查标准》、适用的法律法规、标准规范、施工企业的安全生产管理制度、作业指导书等。

（二）评价证据

与评价准则有关并能够证实的记录、事实陈述或其他信息。评价证据可以是定性的，也可以是定量的。

（三）评价发现

将收集的评价证据对照评价准则进行比较，从而得出的评价的结果。

注意：评价发现的"评价"是一种符合性评价，"发现"是名词而不是动词。评价的结果表明符合或不符合评价准则程度的得分和综合得分，并指出发现的问题和改进的机会。

评价发现应既见物又见人，既见人又见管理。

（四）评价结论

评价组在考虑了评价目的和所有评价发现的基础上，根据客观、公正、真实的原则，严谨、明确地给出综合的、整体的评价结果。

评价结论通过评估安全生产条件和能力等级水平的形式，评价施工企业实现安全生产的可能性，并反馈存在的问题、差距，提出改进要求。评价的任务是给出评价的结论，而不一定是给出评价合格的结论。

（五）评价风险

风险是指不确定性对目标的影响。

评价活动是一项有风险的活动。评价风险是指评价机构或评价人员可能存在失误，或者被评价企业状况可能与评价发现相去甚远，或者可能出现其他一些特殊情况，对评价的有效性带来或大或小的影响。

评价风险的影响因素可能来自评价制度和流程设计不合理、评价计划和抽样安排不合理、评价人员能力不足、评价过程不规范、评价管理体系不适宜或被评价企业安全生产条件发生偏离。

控制评价风险主要是为了更好地实现科学、客观、公正、独立地评价目标。提高评价机构和评价结果的公信力，具体可从以下两个方面采取措施以消除和降低评价风险：

一是不断提高评价管理人员和评价人员的风险意识、专业素养、技能水平和职业道德，使其能掌握并合理运用评价技能和程序规范，熟悉并准确运用适用法律法规、标准规范和施工企业生产经营组织和管理知识；遵纪守法、恪守职业道德、诚实守信，并自觉维护评价市场秩序，公平竞争。

二是不断健全内部管理制度和安全生产评价过程控制体系。在安全生产评价的全过程中，强化评价受理、编制评价方案与计划、评价活动实施、评价结论与审定、评价后跟踪各环节风险的动态控制和持续改进，提高评价的有效性。

四、施工企业安全生产评价的原则

（一）与评价员有关的原则

（1）道德行为：职业基础。

诚信、正直、保守秘密、谨慎和持证上岗是最基本的要求。

（2）公正表达：真实、准确地报告的义务。

评价发现、评价结论和评价报告应真实和准确地反映评价活动，报告评价过程中遇到的重大障碍以及在评价组和被评价施工企业之间没有解决的分歧意见。

（3）职业素养：在评价中勤奋并具有判断力。

评价员应珍视他们所执行的任务的重要性以及评价委托方和其他相关方对他们的信任，具有必要的能力是一个重要的因素。

（二）与评价有关的原则

（1）独立性：评价的公正性和评价结论的客观性的基础。

评价员应独立于受评价的活动，并且不带偏见，没有利益上的冲突。评价员在评价过程中应保持客观、实事求是的心态，以保证评价发现和评价结论仅建立在评价证据的基础上。

（2）基于证据的方法：在一个系统的评价过程中，得出可信的和可重现的审核结论的合理方法。

评价证据是能够证实的，由于评价员是在有限的时间内并在有限的资源条件下进行的，因此评价证据是建立在可获得信息的基础上的，抽样的合理性和评价结论的可信性密切相关。

第二章　施工企业安全生产评价的组织

第一节　施工企业安全生产评价的方式

一、内部评价

由施工企业自行对自身实施的安全生产自主评价，也称第一方评价。

目的是为企业职业健康安全管理体系、环境管理体系的充分性、适宜性和有效性评审提供输入信息，实施年度安全质量标准化自查评价，通过自我检查、自我纠正、自我完善落实安全生产管理工作。也可以在外部评价前实施自我检查，确定是否具备接受外部评价的条件。

二、外部评价

由相关单位对施工企业实施的安全生产评价。

（1）由政府建设行政主管部门或由其委托的具备规定的建筑施工安全生产评价资质的社会中介服务机构对施工企业实施的安全生产评价，也称第二方评价。

目的是对施工企业进行监督检查，确认其安全生产能力及其持续保持情况，并据此提出整改要求，或进行相应的处理。

（2）由施工企业委托具备规定的建筑施工安全生产评价资质的社会中介服务机构对企业实施的安全生产评价，也称第三方评价。

施工企业应先完成自我评价工作，并向委托的评价机构提供自我评价报告。

目的是从专业的角度，出具评价报告，确认施工企业安全生产条件和能力及其持续保持或整改情况，为企业安全生产状况提供客观、专业的证据和建议。

社会中介服务机构、评价人员应对给出的评价结果承担相应的法律责任。

第二节　施工企业安全生产评价的类型

一、初次评价

即为初次进入建筑市场时的评价。标准中称为市场准入评价。

刚进入建筑市场的企业，对建筑施工的法律法规、规范标准以及管理要求可能不甚了解，同时也缺乏实践的体会和管理经验，因此初次评价的重点在于促进企业掌握要求，建章立制，完善条件。

二、复核评价

即评价合格后日常管理中的评价、每年一次的定期评价，以及出现特殊情况时进行的评价。

特殊情况包括适用法律法规发生变化，企业组织机构和管理体制发生重大变化，企业发生生产安全事故或不良业绩，其他影响安全生产管理的重大变化等。

标准中把复核评价又细分为日常管理评价、年终评价、资质评价、发生事故后评价、不良业绩后评价等。其中，前两种属于现状评价，后三种属于专项评价。

评价重点是寻找管理的薄弱环节，健全、完善规章制度，落实责任。

第三节　施工企业安全生产评价小组

一、评价小组的组成

（一）内部评价小组组成

施工企业实施的内部评价应由施工企业负责人负责，由专门的职能部门牵头组织，承担安全生产相关职责的各职能管理部门均应参与，人员应相对固定；或直接由负责企业内部管理的综合职能部门，如企业管理办公室负责，评价结果直接向企业决策层汇报。

（二）外部评价小组组成

根据被评价企业的类型、生产规模、管理特征，以及业绩情况，由适合的专家组成评价工作小组，对企业开展评价。

评价小组成员应具备企业安全管理及相关专业知识和能力，评价小组成员不应少于 3 人。

二、评价小组成员的职责分工

组长对本组评价工作质量负责，组员对各自承担评价部分的工作质量负责。

外部评价时，评价小组成员的职责如下，内部评价可参照执行。

（一）评价小组组长的职责

1. 组织工作

评价前，组织评价人员了解将被评价企业的基本情况，根据企业资质和评价原因，商榷评价重点和方法，形成评价计划，并根据组员专长进行分工。

评价后，召开内部会议，根据评价标准，商讨扣分分值以及不符合项内容的描述，并根据分工分别形成书面材料。

2. 联络工作

评价前，根据合同约定联系被评价企业，确认评价计划与安排。

评价后，列出书面整改意见，与被评价企业负责人进行充分沟通，形成一致意见，双方签字确认；请被评价企业对评价工作质量进行评价。

3. 自身工作

（1）主持首、末次会议。

（2）在对被评价企业专业所涉及的相关法律法规、标准规范进行深入的学习和准备的基础上完成本人的评价任务。

（3）编制评价报告并报批。

（4）在评价小组讨论的基础上负责起草评价工作小结。

（5）组织评价工作资料的汇编、装订、归档、登记等工作。

（二）评价小组组员的职责

（1）严格遵守国家法律法规、标准规范以及评价机构的各项规章制度。

（2）尊重组长，协助组长做好评价工作。

（3）评价前熟悉被评价企业的情况；确定本人评价内容的重点、方法，以及对被评价企业专业所涉及的相关法律法规、标准规范进行深入的学习和准备。

（4）独立进行评价检查评分任务，并完成会议记录等组长分配的工作。

（5）配合组长完成评价报告的编制。

（三）评价小组人员的分工

根据评价组员人数、工作量确定评价工作日程及分工。一般分工原则见表2-1。

评价小组人员的分工   表2-1

序号	主要评价工作内容	承担人	复核
1	编制评价工作计划	组长	上级领导
2	安全生产管理评分	组长	集体复核
3	安全技术管理评分	组员	组长
4	设备和设施管理评分	组员	组长
5	企业市场行为评分	组员	组长
6	施工现场安全管理评分	抽查施工现场以2个组员以上为宜	
7	综合评分	指定组员	组长
8	评价报告	组长	上级领导
9	资料汇编、装订、归档、登记	组长组织	—

第四节　施工企业安全生产评价的工作流程

一、评价前的准备工作

1. 确定评价小组的组长、组员，以及评价分工。

2. 通过各种渠道（如政府网络信息平台搜索、要求被评价企业提供相关资料等），预先查阅、了解企业基本情况，包括：

（1）资质主项、增项范围及等级，安全生产许可证持有情况；

（2）企业生产规模、生产类型以及目前在建工程项目数量、进度、所在地和所属监督机构等情况；

（3）安全生产管理机构设置，三类人员配置及考核情况；

（4）企业在一个评价周期内的安全生产业绩情况，包括创优和处罚情况等。

3. 编制评价计划，包括评价时间、评价日程、评价内容及评价重点、评价反馈时间、评价整改要求等。

4. 告知被评价企业所需备查资料的目录、陪同人员等配合要求，确认评价计划。

二、评价的实施

（1）召开首次会议。明确本次评价的目的、评价时须相关职能部门配合的工作要求、评价的日程计划等。

（2）检查评分。按照评价标准，通过询问交谈、巡查检测在建工地现状、查阅比对备查资料（包括企业内部管理资料，以及抽查与核验工地的资料）等方法取证评分。

（3）召开评价小组内部汇总沟通会议，提出评价结论。

（4）与企业主要负责人沟通本次评价情况和结果。

（5）召开末次会议。向企业通报本次评价情况和结果，提出整改要求。

三、评价后的后续工作

（1）整改情况验证。评价小组对企业整改的有效性进行验证并上报评价资料。

（2）评价资料审核、审定。评价小组所属上级部门对本次评价情况进行审核，对评价结果进行审定。

（3）出具评价报告。评价机构向企业书面反馈评价报告。

（4）评价资料归档。将评价申请、评价计划、评价报告、审查审定报告、企业整改回复与验收记录装订成册，编号归档。

（5）评价后跟踪。对需要跟踪评价或跟踪指导的企业进行必要的跟踪、回访，再次评价。

受政府相关部门委托评价的，发现特殊情况应及时报告政府相关部门。

内部评价时，上述工作流程可适当简化。

第三章 施工企业安全生产评价的实施

第一节 施工企业安全生产评价的内容

施工企业安全生产评价内容按评价考核项目（分项）—→评定项目—→评分标准—→评分方法四个层次依次逐步展开与细化。

针对每项评价考核项目（分项），标准条文分为 3.1～3.5 共 5 节，每节分别阐述一项评价考核项目（分项）包含的若干评定项目，以及每个评定项目的考核评价原则。为便于具体实施考核评价，标准根据条文规定，以评分表的形式和量化的方式，针对每项评价考核项目（分项）各编制一张《施工企业安全生产评价表》（表 A-1～表 A-5）作为附件，对包含的每个评定项目，根据其考核评价原则和重要程度，规定相应的量化评分标准、评分取证方法和应得分值。

一、评价考核项目（分项）

标准将对施工企业安全生产评价的内容分为安全生产管理、安全技术管理、设备和设施管理、企业市场行为和施工现场安全管理共 5 个评价考核项目（分项）。

2010 版《评价标准》与 2003 版《评价标准》考核项目（分项）的结构变化如表 3-1 所示。

2010 版《评价标准》新增了企业市场行为分项和施工现场安全管理分项。其中企业市场行为分项综合了 2003 版《评价标准》的资质、机构与人员管理分项和安全生产业绩单项的主要内容；施工现场安全管理分项为新增分项，重点关注对企业管理层相关考核评定项目在施工现场贯彻落实情况的追溯。

2010 版《评价标准》与 2003 版《评价标准》
考核项目(分项)的结构变化　　　　表 3-1

2010 版《评价标准》考核项目(分项)		2003 版《评价标准》考核项目(分项)	
企业管理层安全管理	1. 安全生产管理	安全生产条件单项	1. 安全生产管理制度
	2. 安全技术管理		2. 资质、机构与人员管理
	3. 设备和设施管理		3. 安全技术管理
	4. 企业市场行为		4. 设备与设施管理
	5. 施工现场安全管理		5. 安全生产业绩单项

二、评定项目

标准将每项评价考核项目（分项）又分解为 4～6 个评定项目（图 3-1）。

三、评分标准

标准附录的评分表针对每个评定项目分别规定 1～6 条评分标准，规定相应的扣减分依据、扣减分值或幅度。同时规定该评定项目的评分方法及应得分值，明确应检查的具体资料和记录，以及相应的核查要求。

评分标准保留了 2003 版《评价标准》的绝大部分要求，并在适当修改、调整和完善的基础上，增加了隐患排查和治理、安全质量标准化达标等新的要求，取消了贯彻、推行施工企业和施工现场安全生产管理体系推荐性标准等要求。

四、考核项目（分项）评分表

标准针对每项评价考核项目（分项），将其评定项目及相关评分标准设计为一张评分表，共计有 5 个考核项目（分项）评分表：

表 A-1　安全生产管理评分表；

表 A-2　安全技术管理评分表；

表 A-3　设备和设施管理评分表；

表 A-4　企业市场行为评分表；

表 A-5　施工现场安全管理评分表。

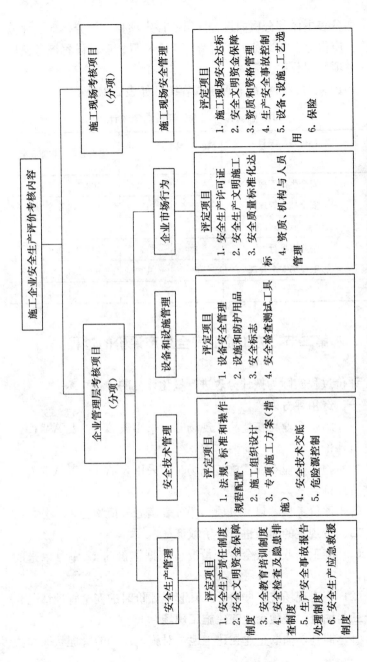

图 3-1 施工企业安全生产评价考核项目（分项）和相应评定项目体系图

评分表主体部分横向设置序号、评定项目、评分标准、评分方法、应得分、扣减分、实得分等 7 个栏目。底部设置该考核项目（分项）评分栏。

2010 版《评价标准》评价内容统计如表 3-2 所示。

2010 版《评价标准》评价内容统计　　　　表 3-2

序号	评价考核项目（分项）	评定项目个数	评分标准条数	应得分	权重系数	
1	安全生产管理	6	22	100	0.3	0.6
2	安全技术管理	5	17	100	0.2	
3	设备和设施管理	4	13	100	0.2	
4	企业市场行为	4	14	100	0.3	
5	施工现场安全管理	6	18	100		0.4
	合计	25	84	—	—	1

第二节　施工企业安全生产评价的过程

评价过程实际为按评分表进行量化评分的过程。

一、选用评分表

（1）施工企业无在建施工现场时，采用表 A-1～表 A-4 四张表进行评价；

（2）施工企业有在建施工现场时，采用表 A-1～表 A-5 五张表进行评价。

每张评价考核项目（分项）评分表满分分值均为 100 分。

二、按规定的时限进行评价取证

（1）施工企业的安全生产情况应依据评价前 12 个月以来的情况；

（2）施工现场应依据自开工日起至评价时的安全管理情况。

三、抽查和核验企业在建施工现场

（1）抽查，抽取企业在建工地，对施工现场的管理状况和实物状况进行实体检查。

（2）核验，根据建设行政主管部门、安全监督机构或其他相关机构日常的监督、检查记录等资料，对施工现场安全生产管理常态进行复核、追溯。

注意在建施工现场抽查与核验的区别和关系。

企业所属在建施工现场抽查和核验的抽样量应满足表3-3的要求。

施工现场抽查和核验的抽样量说明表　　　　表 3-3

企业资质等级	在建工程实体施工现场抽查抽样量（个）		未抽查在建施工现场安全管理状况核验抽样量（％）	
	未发生因工死亡事故	发生因工死亡事故	未发生因工死亡事故	发生因工死亡事故
特级	≥8	按事故等级或情节轻重程度+2～4	≥50%	按事故等级或情节轻重程度+10%～30%
一级	≥5			
一级以下	≥3			

注：企业在建工程实体少于上述规定抽样量的，则应全数检查。

抽查与核验抽样比率的基数均为在建施工工地数量。

对评价时无在建工程项目的企业，应在企业有在建工程项目时，再次进行跟踪评价，跟踪评价时在建工程量不应少于1个且应达到施工高峰期。

四、按评分规则评分

各评价考核项目（分项）评分表的评分应符合下列要求：

（1）评价考核项目（分项）评分表的实得分数应为各评定项目实得分数之和。

（2）评价考核项目（分项）评分表中的各个评定项目采用扣减分数的方法，扣减分数总和不得超过该评定项目的应得分数。

（3）评价考核项目（分项）有评定项目缺项的，其评分表评分的实得分应按下式计算（换算）：

评价考核项目（分项）有评定项目缺项评分的实得分 = （可评分的评定项目的实得分之和/可评分的评定项目的应得分值之和）×100。

第三节　施工企业安全生产评分结果的汇总

标准采用双重加权法，对各个评价考核项目（分项）评分结果分层进行加权平均，分两步加权平均后计算出评价考核汇总分数。

一、企业管理层评分加权平均与施工现场评分算术平均

将企业管理层的安全生产管理（表 A-1）、安全技术管理（表 A-2）、设备和设施管理（表 A-3）和企业市场行为（表 A-4）等四张表进行汇总统计，四张表的权数分别为 0.3、0.2、0.2、0.3。

抽查或核验的每个施工现场分别形成一份施工现场安全管理评分表，施工现场安全管理评价的最终评分结果，应取所有抽查及核验施工现场的安全管理评价实得分的算术平均值。

二、企业管理层实得分和施工现场实得分加权平均

按安全生产管理（表 A-1）、安全技术管理（表 A-2）、设备和设施管理（表 A-3）、企业市场行为（表 A-4）加权汇总计算值的权数为 0.6，施工现场安全管理（表 A-5）的权数为 0.4 进行汇总统计（表 3-4）。

企业管理层和施工现场加权平均　　　　　　表 3-4

评价考核项目（分项）		应得分	汇总权重系数	
企业管理层安全管理	表 A-1　安全生产管理	100	0.3	0.6
	表 A-2　安全技术管理	100	0.2	
	表 A-3　设备和设施管理	100	0.2	
	表 A-4　企业市场行为	100	0.2	
表 A-5　施工现场安全管理		100	1/N	0.4
合　　计		—	—	1

注：N 为抽查与核验的施工现场总数。

第四节　施工企业安全生产评价的等级

一、评价考核项目（分项）等级的评定

依据评分表中各评定项目实得分、评分表实得分数两个方面的因素综合判定等级。划分为"合格"、"不合格"两个等级。

（1）对安全生产管理（表 A-1）、安全技术管理（表 A-2）、设备和设施管理（表 A-3）和企业市场行为（表 A-4）评价考核项目（分项）的等级判定、规定见表 3-5。

对企业管理层安全管理评价考核项目（分项）评定等级　表 3-5

评价考核项目（分项）评定等级	考　核　内　容	
	评分表中的实得分数为零的评定项目数（个）	评分表实得分数（分）
合　格	0	≥70
不合格	出现不满足合格条件的任意一项时	

（2）对施工现场安全管理（表 A-5）评价考核项目（分项）的评定等级见表 3-6。

对施工现场安全管理评价考核项目（分项）评定等级　表 3-6

评价考核项目（分项）评定等级	考　核　内　容	
	评分表中的实得分数为零的评定项目数（个）	评分表实得分数（分）
合　格	0	≥70
不合格	出现不满足合格条件的任意一项时	

二、施工企业安全生产等级的评定

取消 2003 版《评价标准》按安全生产条件单项和安全生产业绩单项综合评价为"合格"、"基本合格"、"不合格"的模式，改为按有无在建施工现场进行评价，有在建施工现场宜评为"合格"、"不合格"，无在建施工现场宜评为"基本合格"、"不合

格"。

（1）有在建工程时，分为"合格"、"不合格"两个等级（表3-7）。

有在建工程时的考核评定等级 表3-7

考核评定等级	考核内容		
	各项评分表中的实得分数为零的评定项目数（个）	各评分表实得分数（分）	汇总分数（分）
合 格	0	≥70 且其中不得有一个施工现场安全管理评定结果为不合格	≥75
不合格	出现不满足合格条件的任意一项时		

（2）无在建工程时，分为"基本合格"、"不合格"两个等级（表3-8）。

无在建工程时的考核评定等级 表3-8

考核评定等级	考核内容		
	各项评分表中的实得分数为零的评定项目数（个）	各评分表实得分数（分）	汇总分数（分）
基本合格	0	≥70	≥75
不合格	出现不满足基本合格条件的任意一项时		

第五节 施工企业安全生产评价释疑

根据以往评价的实践，很多评价人员对施工总承包、专业承包、劳务分包三种不同类型施工企业评价的过程、评价的结论存在较多疑问，觉得较难区分，或分包企业漏项多、没法评分等，另外还有一些困惑，觉得较难把握。为此，我们对比较集中的问题作一些释疑，以便统一思想。

一、不同类型企业的评价侧重点

事实上，评价应把握的最根本的原则是：首先要分析企业在某一评价分项或某一评定项目中承担的管理角色，其次要明确对企业评价的侧重点。

施工企业可以是管理方或被管理方，雇用方或被雇用方，供应方或使用方等不同角色，也可以同时担任多种角色。但不论是何种角色，都存在安全生产管理内容，只是管理的角度不同而已，不外乎要么是自我管理，要么是管理别人，要么是接受管理，或同时存在几种管理状况。因此，评价时应根据具体情况进行分析评判。

对施工总承包企业主要把握其安全生产自我管理以及对分包的管理能力；对专业承包企业主要把握其自我管理、接受管理、横向沟通的能力，尤其凸现其安全技术管理能力；对劳务分包企业主要把握其对务工人员的管理以及其接受管理的意识和能力。

二、劳务分包企业的评价重点

劳务分包企业可能不需要编制技术方案，可能不需要购买或租赁设备等，但劳务分包企业是所有安全生产管理内容的最基层、具体落实单位，实际上和所有的管理都有关系，评价应重点把握：

（1）企业对务工人员的管理；

（2）企业对所有的评分内容，针对被管理的地位，如何达到管理方所要求的被管理的水平。如：与管理方的配合沟通；在何种状态下，达到何种条件时，接受管理；在何种状态下，可以拒绝管理等。

三、对无自备设备的施工企业设备管理的评价

无自备设备的现象在施工总承包、专业承包和劳务分包三类施工企业中都可能存在。目前企业设备大多为租赁或分包单位自带，不自备，但不代表不需要管理。事实上，更要强调企业对租赁或分包单位自带设备的管理水平和控制能力。

四、对不良业绩施工企业的评价

有时评价是针对有不良业绩的企业进行的，如：事故、资质降级等企业。即可能存在的情况是：不良业绩既是这些企业被评价的原因，同时因为这些不良业绩又是评分表中的评分否定内容之一，因此很多人说，这样就没必要评价了，因为评价结论可直接定为不合格。对此，评价如何把握？事实上，这是一种特殊情况，正是因为企业有不良业绩，才更需要通过评价来发现其产生不良业绩的原因，促进企业进行针对性的整改、完善安全管理状况。因此，评价绝不能以结论代替过程，事实上，对于有不良业绩的企业的评价，其评价的工作质量要求更高。

第四章 施工企业安全生产评分和评价

第一节 安全生产管理评分

一、安全生产管理评分评定项目

安全生产管理评分是对企业安全管理制度建立和落实情况的考核,包括安全生产责任制度、安全文明资金保障制度、安全教育培训制度、安全检查及隐患排查制度、生产安全事故报告处理制度、安全生产应急救援制度等六个评定项目。

二、安全生产管理要求

施工企业应结合企业的安全管理目标、生产经营规模、施工特点、管理体制,依据法律法规建立以安全生产责任制为核心的安全生产管理制度。

安全生产管理是个系统活动,必须形成责任体系,明确各管理层次、各生产场所、各相关职能部门和岗位的安全生产责任,各相关职能部门和岗位各司其职,才能实现安全生产目标。

施工企业的各项安全生产管理制度应规定工作内容、职责与权限、工作程序及标准。

施工企业的各项安全生产管理活动必须依据企业制定的安全生产管理制度开展。

施工企业的安全生产管理制度,应随有关法律法规以及企业生产经营、管理体制的变化,适时更新、修订完善。

(一)安全生产责任制度的管理要求

1. 安全生产责任制度的建立与健全

1)施工企业的安全生产责任制度应明确:企业主要负责人依法对本单位的安全生产工作全面负责,其中法定代表人为企业安全生产第一责任人，其他负责人对分管范围内的安全生产负责。确保管理范围内的安全生产管理体系正常运行和安全业绩持续改进，坚持做到职责分明，有岗有责，上岗履责。使得安全生产责任体系从纵向与横向充分展开。

2）安全生产责任制度应对职能部门或岗位的工作内容、职责与权限、工作程序、安全管理目标的分解落实、监督检查、考核奖惩的标准作出具体规定，形成文件。

3）施工企业安全生产管理的组织体系。

（1）施工企业必须建立安全生产组织体系，明确企业安全生产的决策、管理、实施、检查的机构或岗位。

（2）安全生产组织体系应根据"管生产必须管安全"、"安全生产人人有责"等原则，明确规定各级领导、各职能部门或职能岗位、各工种人员在生产活动中应负的安全职责，把安全生产从组织上合理地统一起来，使安全管理纵向到底、横向到边、专管成线、群管成网，责任明确、协调配合、共同努力，真正把安全生产工作有序地落到实处。

（3）施工企业在管理职能全覆盖的前提下，可根据生产经营规模自行设立管理组织体系，一个职能部门或岗位可能承担单项或多项责任，也可能一项责任由多个职能部门或岗位承担，但必须单独设置安全生产管理机构并直接隶属于企业负责人领导；也可自行确定部门或管理岗位的工作内容和是否兼多项职能，但安全生产管理人员必须专职。

（4）不同资质等级企业的安全生产责任制度应当覆盖的人员、职能部门或岗位见表4-1。

4）施工企业应建立和健全与企业安全生产组织相对应的安全生产责任体系，明确各管理层、职能部门、岗位的安全生产责任，包括施工现场、后方场站和基地等生产经营场所。

施工企业安全生产责任体系应符合下列要求：

（1）企业安全生产主要负责人领导企业的安全管理工作，组织制定企业年度、中长期安全管理目标和制度，审议、决策重大

不同资质等级企业的安全生产责任制度
应当覆盖的人员、职能部门或岗位　　　　表 4-1

—	—	—	总承包				专业承包				劳务分包
—	—	—	特级	一级	二级	三级	一级	二级	三级	特种	
施工企业公司层面	公司领导层	法人代表	√	√	√	√	√	√	√	√	√
		总经理	√	√	√	√	√	√	√	√	√
		施工负责人	√	√	√	√	√	√	√	√	
		技术负责人	√	√	√	√	√	√	√		√
		总经济师	√	○			○				
		总会计师					○				
		工会主席	√	○	○	○	○	○	○	○	○
	公司管理层（职能部门或岗位）	经营管理	√	√	√	√	√	√	√		√
		技术管理	√	√	√	√	√	√	√		√
		施工管理	√	√	√	√	√	√	√		√
		安全管理	√	√	√	√	√	√	√		√
		动力设备	√	√	√	√	√	√	√		
		物资管理	√	√	√	√	√	√	√		√
		人力资源	√	√	√	√	√	√	√		√
		分包管理	√	√	√	√	√	√	√		
		教育培训	√	√	√	√	√	√	√		√
		行政卫生	√	√	√	√	√	√	√		
		财务管理	√	√	√	√	√	√	√		
		保卫消防	√	√	√	√	√	√	√		
		审　计	√	○	○	○	○	○	○	○	
分支机构	领导层	安全生产责任制度应当覆盖的职能部门与公司相对应									
	管理层	安全生产责任制度应当覆盖的职能部门与公司相对应									

—	—	—	总承包				专业承包				劳务分包
—	—	—	特级	一级	二级	三级	一级	二级	三级	特种	
工程项目部	领导层	项目负责人	√	√	√	√	√	√	√		
		施工负责人	√	√	√	√	√	√	√	√	
		技术负责人	√	√	√	√	√	√	√	√	
		工会负责人	○	○	○	○	○	○	○	○	
	管理层	经营管理	√	○	○	○					
		技术管理	√	√	√	√	√	√	√		○
		施工管理	√	√	√	√	√	√	√		
		安全管理	√	√	√	√	√	√	√		
		动力设备	√	√	√	√	√	○	○		
		物资管理	√	√	√	√	√	√	○		
		人力资源	√	√	√	√	√	√			
		分包管理	√	√	√	√	√	√	√		
		教育培训	√	√	√	√	√	√	√		
		行政卫生	√	√	√	√					
		财务管理	√	√	√	√					○
		消防保卫	√	√	√	√					
	作业班组	班长	○	○	○	○	○	○	○		√
		兼职安全员	○	○	○	○	○	○	○		√
		操作工人	○	○	○	○	○	○	○		√

注：表中的○不作为相对应的施工企业必须具备的内容。其管理职责由上一级管理部门或岗位履行，但是，在评价时还应了解企业的实际情况，如三级总承包和专业承包企业自带劳务，那么就须有作业班组的安全职责。

安全事项。

（2）各管理层主要负责人应明确并组织落实本管理层各职能部门和岗位的安全生产职责，实现本管理层的安全管理目标。

（3）各管理层的职能部门及岗位应承担职能范围内与安全生

产相关的职责，互相配合，实现相关安全管理目标，主要职责如下：

①技术管理部门（或岗位）负责安全生产的技术保障和改进；

②施工管理部门（或岗位）负责生产计划、布置、实施的安全管理；

③材料管理部门（或岗位）负责安全生产物资及劳动防护用品的安全管理；

④动力设备管理部门（或岗位）负责施工临时用电及机具设备的安全管理；

⑤专职安全生产管理机构（或岗位）负责安全管理的检查、处理；

⑥其他管理部门（或岗位）应分别负责人员配备、资金、教育培训、卫生防疫、消防等安全管理内容。

5）施工企业各管理层、职能部门、岗位的安全生产责任应形成责任书，并经责任部门或责任人确认。责任书的内容应包括安全生产职责、目标、考核奖惩标准等。

6）施工企业安全生产责任制度，应随有关法律法规以及企业生产经营、管理体制的变化，适时更新、修订完善。

2. 安全生产责任制考核制度的建立与执行

（1）落实安全生产责任制需要配套建立激励和约束相结合的保证机制，因此施工企业必须建立安全生产责任制考核制度，促使各级、各职能部门（或岗位）责任人尽心尽责地履行安全生产职责。

（2）考核制度应明确考核机构的建立及人员的组成，考核机构负责人应由企业主要负责人担任。

（3）考核制度应明确各级、各部门或岗位的考核对象。

（4）考核制度应把安全管理职责、管理目标和指标，年度考核次数规定时间及考核结果的处理措施等考核内容具体量化，并将考核实施形成记录文本。

3. 安全生产责任制考核制度的检查与考核

考核制度建立后，应按制度规定考核机构组织检查，开展考核工作。在实施过程中企业各管理层的主要负责人应组织对本管理层各职能部门或岗位、下级管理层各职能部门或岗位的安全生产责任进行考核和奖惩。从而保证企业安全生产责任制得到有效落实，保障生产施工安全。

4. 安全生产管理目标的建立、完善与实施考核

1) 施工企业应依据企业的总体发展规划，制定企业年度及中长期安全生产管理目标。

安全生产管理目标应易于考核，制定时应综合考虑以下因素：

(1) 政府部门的相关要求；

(2) 企业的安全生产管理现状；

(3) 企业的生产经营规模及特点；

(4) 企业的技术、工艺和设施设备。

安全生产管理目标应包括生产安全事故控制指标、隐患治理目标、安全生产以及文明施工管理目标：

(1) 生产安全事故控制目标应为事故负伤频率及各类生产安全事故发生率控制指标。

(2) 隐患治理目标应为企业通过隐患排查，经系统分析，确定治理的隐患及应达到的效果。

(3) 安全生产以及文明施工管理目标应为企业安全质量标准化管理及文明施工基础工作要求的组合。

2) 安全生产管理目标应分解到各管理层及相关职能部门和岗位，定期进行考核，并保存检查、考核资料。

3) 施工企业各管理层及相关职能部门和岗位应根据分解的安全生产管理目标，配置相应的资源并有效管理。

5. 安全生产考核、奖惩制度的建立和实施

1) 安全生产考核、奖惩是落实各项安全生产管理制度的一种行之有效的激励和约束相结合的保证措施，因此施工企业必须

建立安全生产考核、奖惩制度，并有效实施。

2）施工企业安全生产考核、奖惩制度应确定考核对象、考核内容及标准、实施奖惩等内容。

（1）安全生产考核的对象应包括施工企业各管理层的主要负责人、相关职能部门或岗位和工程项目的参建人员。

（2）安全考核的内容应包括：

①安全生产目标实现程度；

②安全职责履行情况；

③安全行为；

④安全业绩。

（3）建筑施工企业应针对生产经营规模和管理状况，明确安全考核的周期，及时兑现奖惩。

（4）安全奖励包括物质与精神两个方面，安全惩罚包括经济、行政等多种形式。

3）施工企业各级负责人应根据安全生产考核、奖惩制度定期进行检查和考核，并兑现奖惩，以提高全体员工的安全生产责任性和积极性。

（二）安全生产、文明施工资金保障制度

1. 安全生产、文明施工资金保障制度的建立

（1）安全生产、文明施工资金保障制度是企业安全生产、文明施工得以有效实施的基本保障，是企业财务管理制度的一个重要组成部分。有计划、有步骤地改善劳动条件、防止工伤事故、消除职业病等危害，保障从业人员生命安全和身体健康，是确保正常安全生产、文明施工措施的需要；是促进施工安全生产、文明施工发展的一项重要措施。

（2）施工企业应建立安全生产、文明施工资金保障制度，形成文件并组织实施。

2. 安全生产、文明施工资金保障制度的针对性及具体措施要求

1）安全生产、文明施工资金保障制度应对资金的提取、申请、审核、审批、支付、使用、统计、分析、审计检查等工作内

容作出具体规定。

2）制度应明确建筑施工企业各管理层根据安全生产管理需要，编制安全生产、文明施工费用使用计划，明确费用使用的项目、类别、额度、实施单位及责任者、完成期限等内容，经审核批准后执行。

3）制度应明确各管理层相关负责人在其管辖范围内，按专款专用、及时足额的要求，组织实施使用计划。

4）制度应明确建立费用分类使用台账，定期统计报上一级管理层。

5）制度应明确各管理层对下一级的安全生产、文明施工费用使用计划的实施情况定期进行监督审查。

6）制度应明确各管理层对安全生产、文明施工费用情况进行年度汇总分析，及时调整安全生产费用比例。

7）预算编制依据、标准及内容：

（1）安全生产、文明施工资金计划编制依据：

现行适用的安全生产、劳动保护、文明施工的相关法律法规和标准规范，以及相关文件，比如：建设部《关于印发〈建筑工程安全防护、文明施工措施费用及使用管理规定〉的通知》（建办［2005］89号），财政部、国家安全生产监督管理总局《关于印发〈高危行业企业安全生产费用财务管理暂行办法〉的通知》（财企［2006］478号），建设部《关于转发财政部、国家安全生产监督管理总局〈高危行业企业安全生产费用财务管理暂行办法〉的通知》（建质函［2006］366号）等。

（2）安全生产、文明施工资金计提的标准：

①安全生产、文明施工资金以建筑安装工程造价为计提依据。

②各工程类别提取的标准为：

a. 房屋建筑工程、矿山工程为2.0%；

b. 电力工程、水利工程、铁路工程为1.5%；

c. 市政工程、冶炼工程、机电安装工程、化工工程、公路工程、通信工程为 1.0％。

各地另有相关规定的，按从严的原则执行。如上海市建设交通委《上海市建设工程安全防护、文明施工措施费用管理暂行规定》（沪建交〔2006〕455 号）规定房屋建筑工程的安全防护、文明施工措施费率根据不同类别从 1.0％～3.8％不等。市政基础设施工程的安全防护、文明施工措施费率根据不同类别从 1.0％～3.0％不等。

（3）安全生产、文明施工资金预算编制内容：

①针对环境保护、文明施工、安全施工、临时设施等完善、改造和维护安全防护设备的支出；

②配备应急救援器材、设备及特种劳动防护用品的开支；

③安全生产检查与评价的支出；

④针对重大危险源、重大事故隐患的评估、整改、监控等预防性支出；

⑤安全技能培训及进行应急救援演练的支出；

⑥其他与安全生产直接相关的支出。

3. 安全生产、文明施工措施费的落实情况考核

（1）施工企业各管理层相关负责人必须在其管辖范围内，按专款专用、及时足额的要求，组织落实安全生产、文明施工费用使用计划，并建立分类使用台账，定期统计，报上一级管理层。

（2）施工企业各管理层应定期组织财务、审计、安全部门和工会，对下一级管理层的安全生产、文明施工费用使用计划的实施情况进行监督、审查和考核。

（3）施工企业各管理层应对安全生产、文明施工费用情况进行年度汇总分析，及时调整安全生产、文明施工费用的比例。

（三）安全教育培训制度的管理要求

1. 安全教育培训制度的建立

安全教育培训是提高从业人员安全素质的基础性工作，是安全管理的重要环节。施工企业从业人员必须坚持先培训、后上岗的原则，定期接受安全教育培训。通过安全教育培训，提高企业

各层次从业人员的安全生产责任感和自觉性，增强安全意识；掌握安全生产科学知识，不断提高安全生产管理水平和安全操作技术水平及能力，增强安全防护能力，减少伤亡事故的发生。

教育培训制度应该对计划编制、组织实施和人员持证审核等工作内容作出具体规定。

2. 各类人员安全教育培训要求

制度应根据住房和城乡建设部现行有效的相关文件，如《建筑业企业职工安全培训教育暂行规定》（建教［1997］83号）、《建筑施工企业主要负责人、项目负责人和专职安全生产管理人员安全生产考核管理暂行规定》（建质［2004］59号）、《建筑施工特种作业人员管理规定》（建质［2008］75号）等文件，明确教育培训对象及安全教育培训的具体要求。

安全教育培训的对象：企业主要负责人、项目经理、安全专职人员及其他管理人员；特种作业人员；待岗、转岗、换岗职工；新进单位从业人员。明确各类人员年度教育培训学时、人员持证、审核等内容的管理要求。明确未经培训或培训考核不合格不得上岗的要求。

3. 安全教育培训计划的编制与实施

1）应根据相关文件规定和教育培训制度，编制企业年度教育培训计划。

2）建筑施工企业安全生产教育培训计划应依据类型、对象、内容、时间安排、形式等需求进行编制。

（1）安全教育和培训的类型应包括各类上岗证书的初审、复审培训，三级教育（企业、项目、班组）、岗前教育、日常教育、年度继续教育。

（2）安全生产教育培训的对象应包括企业"三类人员"、各管理层的负责人、管理人员、特殊工种以及新上岗、待岗复工、转岗、换岗的作业人员。

（3）安全教育培训的内容应根据不同类型和对象，按照政府主管部门的有关规定和实际需要分别作出明确规定：

① 施工企业主要负责人教育培训内容：

a. 国家有关安全生产的方针政策、法律法规、部门规章、标准及有关规范性文件，本地区有关安全生产的法规、规章、标准及规范性文件；

b. 建筑施工企业安全生产管理的基本知识和相关专业知识；

c. 特大事故防范、应急救援措施，报告制度及调查处理方法；

d. 企业安全生产责任制和安全生产规章制度的内容、制定方法；

e. 国内外安全生产管理经验；

f. 典型事故案例分析。

② 施工企业项目负责人教育培训内容：

a. 国家有关安全生产的方针政策、法律法规、部门规章、标准及有关规范性文件，本地区有关安全生产的法规、规章、标准及规范性文件；

b. 工程项目安全生产管理的基本知识和相关专业知识；

c. 重大事故防范、应急救援措施，报告制度及调查处理方法；

d. 企业和项目安全生产责任制和安全生产规章制度的内容、制定方法；

e. 施工现场安全生产监督检查的内容和方法；

f. 国内外安全生产管理经验；

g. 典型事故案例分析。

③ 施工企业专职安全生产管理人员教育培训内容：

a. 国家有关安全生产的方针政策、法律法规、部门规章、标准及有关规范性文件，本地区有关安全生产的法规、规章、标准及规范性文件；

b. 重大事故防范、应急救援措施，报告制度及调查处理方法；

c. 企业和项目安全生产责任制和安全生产规章制度的内容；

d. 施工现场安全生产监督检查的内容和方法；

e. 典型事故案例分析。

④ 其他管理人员的安全培训内容：

a. 国家有关安全生产的方针政策、法律法规、部门规章、标准及有关规范性文件，本地区有关安全生产的法规、规章、标准及规范性文件；

b. 企业安全生产责任制和安全生产规章制度的内容；

c. 安全生产管理的基本知识和相关专业知识；

d. 本岗位安全生产责任制内容，及如何履行安全生产职责的专业知识。

⑤ 新上岗操作工人教育培训内容：

a. 安全生产法律法规和规章制度；

b. 安全操作规程；

c. 针对性的安全防范措施；

d. 违章指挥、违章作业、违反劳动纪律产生的后果；

e. 预防、减少安全风险以及紧急情况下应急救援的基本知识、方法和措施。

⑥ 每年按规定对所有从业人员进行安全生产继续教育，教育培训应包括以下内容：

a. 新颁布的安全生产法律法规、安全技术标准规范和规范性文件；

b. 先进的安全生产技术和管理经验；

c. 典型事故案例分析。

（4）学时要求：根据住房和城乡建设部相关文件规定，施工企业从业人员每年应接受一次专门的安全培训，其中企业法定代表人、生产经营负责人、项目经理不少于30学时，专职安全管理人员不少于40学时，其他管理人员和技术人员不少于20学时，特殊工种作业人员不少于24学时；其他从业人员不少于15学时。待岗复工、转岗、换岗人员重新上岗前不少于20学时，新进场工人三级安全教育培训（公司、项目、班组）分别不少于15学时、15学时、20学时。

3）施工企业安全生产教育培训应贯穿于生产经营的全过程。施工企业应按计划和规定组织开展各类教育培训活动，定期对从业人员持证上岗情况进行审核、检查，及时统计、汇总从业人员的安全教育培训和资格认定等相关记录，并保存教育培训实施记录、证件、检查考核记录。

4）实行总承包的工程项目，总承包单位应负责对分包单位的从业人员安全教育培训工作进行统一管理，分包单位要服从总包单位的统一领导。

（四）安全检查及隐患排查制度的管理要求

1. 安全检查及隐患排查制度的建立

1）安全检查是企业运用检查手段去发现、消除隐患；隐患排查是企业对日常检查发现的隐患，运用系统的统计手段，排摸多发事故，分析产生的根源，通过管理体系的调整，消除隐患根源，防止企业施工现场、后方场站、基地等各个生产场所同类隐患的重复发生。即：检查是对某一具体的事项，而排查是对面上的管理、致力于整体管理水平的改变和提高。

施工企业必须制定安全检查及隐患排查制度，以建立长效机制保障施工安全。

2）施工企业安全检查制度应包括安全检查的内容、形式、类型、标准、方法、频次，整改、复查，安全生产管理评价与持续改进等工作内容。

（1）施工企业安全检查的内容应包括：

①安全目标的实现程度；

②安全生产职责的履行情况；

③各项安全生产管理制度的执行情况；

④施工现场及其他生产场所管理行为和实物状况；

⑤生产安全事故、未遂事故和其他违规违法事件的调查、处理情况；

⑥安全生产法律法规、标准规范和其他要求的执行情况。

（2）施工企业安全检查的形式应包括各管理层的自查、互查以及对下级管理层的抽查等。

（3）施工现场安全检查的类型、方法和频次：

①工程项目部每天应结合施工动态，实行安全巡查；

②总承包工程项目部应组织各分包单位每周进行安全检查；

③施工企业每月应对工程项目施工现场安全生产情况至少进行一次检查，并针对检查中发现的倾向性问题、安全生产状况较差的工程项目，组织专项检查；

④企业应针对承建工程所在地区的气候与环境特点，组织季节性的安全检查。

（4）安全检查的标准：现行、有效的安全生产法律法规、标准规范和管理性文件。

（5）安全检查中发现的问题整改和复查：施工企业对安全检查中发现的问题，应按隐患类分类记录，定期统计，分析确定多发和重大隐患类别，制订并实施治理措施。

（6）施工企业每年至少应定期对安全生产管理的适宜性、符合性和有效性进行评价，确定改进措施，并对其有效性进行跟踪验证和评价。发生下列情况时，企业应及时进行安全生产管理评价：

①适用法律法规发生变化；

②企业组织机构和体制发生重大变化；

③发生生产安全事故；

④其他影响安全生产管理的重大变化。

（7）施工企业应建立并保存安全检查和改进活动的资料与记录。

3）隐患排查制度应根据有关文件要求，对隐患排查治理工作的各级职责及责任人、方法、排查治理资金、时间安排、排查治理重点、隐患治理、上报程序、应急处理、统计分析、资料建档、考核奖惩等内容作出规定：

（1）施工企业应当建立健全事故隐患排查治理和建档监控等制度，逐级建立并落实从主要负责人到每个从业人员的隐患排查治理和监控责任制。

（2）施工企业应当定期组织安全生产管理人员、工程技术人员和其他相关人员排查本单位的事故隐患。对排查出的事故隐患，应当按照事故隐患的等级进行登记，建立事故隐患信息档案，并按照职责分工实施监控治理。

（3）隐患排查原则：

①坚持把隐患排查治理工作与建筑安全治理重点结合起来，解决影响建筑安全生产的突出矛盾和问题；

②坚持与加强建筑企业安全管理和技术进步结合起来，提高建筑施工安全质量标准化管理水平，加大安全投入，推进安全技术改造，夯实安全管理基础。

（4）建筑施工企业应当保证事故隐患排查治理所需的资金，建立资金使用专项制度。

（5）建筑施工企业应当每季、每年对本单位事故隐患排查治理情况进行统计分析，在规定日期内向有关部门报送书面统计分析表。统计分析表应当由建筑施工企业主要负责人签字。

（6）对于一般事故隐患，由施工企业负责人或者有关人员立即组织整改。对于重大事故隐患，由施工企业主要负责人组织制订并实施事故隐患治理方案。重大事故隐患治理方案应当包括以下内容：

①治理的目标和任务；

②采取的方法和措施；

③经费和物资的落实；

④负责治理的机构和人员；

⑤治理的时限和要求；

⑥安全措施和应急预案。

2. 安全检查制度的实施

（1）施工企业主管安全的负责人应按安全检查的各项规定内容，定期组织安全检查，并指导、督促所属工地和后方场站等生产场所开展安全检查工作。

（2）施工企业。对检查中发现的违章指挥、违章作业行为，应立即制止，并要求有关人员予以纠正。

（3）应建立和保存安全检查和改进活动的资料与记录。

（4）施工企业安全检查应配备必要的检查、测试器具。

3. 隐患的整改和复查

（1）检查发现的隐患，应签发隐患整改通知书，并规定整改要求及期限，必要时应责令停工，立即整改。

（2）隐患整改应采取三定，即定人、定时间、定措施。

（3）对隐患整改措施实施情况和有效性，应进行跟踪复查，复查合格后消项，并做好记录。

（4）对定期排查分析出的多发和重大隐患，应进行系统分析，找出隐患根源，采取有效治理措施。

4. 多发或重大隐患排查，确定多发和重大隐患，制订并实施治理措施

（1）企业应将隐患排查治理工作与安全生产管理工作相结合，加强对重点部位、重点环节的隐患排查工作。

（2）施工企业应每月对所属工地隐患排查情况进行定期统计分析，对多发或可能产生严重后果的重大隐患应及时指导制订治理措施，并在整个企业范围内督促实施，对重大隐患要实行挂牌督办。

（五）生产安全事故报告处理制度

1. 生产安全事故报告处理制度的建立

生产安全事故报告处理制度，应包括报告、调查、处理、记录、统计、分析改进等内容。

生产安全事故报告处理制度应对生产安全事故的报告、应急救援和处理的管理要求、职责权限和工作程序、事故档案等作出具体规定，并根据现行有效的法律法规的规定明确施工过程中发生的生产安全事故按伤亡人数或经济损失程度的具体分类分级标准，各类各级生产安全事故的报告内容、部门和时间等要求。

事故报告处理制度应明确对迟报、漏报、谎报或者瞒报事故处罚的规定；并按照不同事故的等级对"四不放过"的具体内容提出针对性要求和处理意见，形成文件并组织实施。

2. 生产安全事故报告

1）事故报告应当及时、准确、完整，任何单位和个人对事故不得迟报、漏报、谎报或者瞒报。

2）事故发生后，事故现场有关人员应当立即向本单位负责人报告；单位负责人接到报告后，于1小时内上报建设行政主管部门和负有安全生产监督责任的有关部门。

情况紧急时，事故现场有关人员可直接向事故发生地建设行政主管部门和有关部门报告。

实行施工总承包的，由总承包单位负责上报。

3）生产安全事故报告的内容应包括：

（1）事故的时间、地点和相关单位名称；

（2）事故的简要经过；

（3）事故已经造成或者可能造成的伤亡人数（包括失踪、下落不明的人数）和初步估计的直接经济损失；

（4）事故的初步原因；

（5）事故发生后采取的措施及事故控制情况；

（6）事故报告单位或报告人员。

4）生产安全事故报告后出现新情况的，应及时补报。

自事故发生之日起30日内事故造成的伤亡人数发生变化的，应当及时补报。

3. 建立事故档案

1）企业应当建立生产安全事故档案，按时如实填报职工伤亡事故报表，保存事故调查处理文件、图片、照片、资料等有关档案作为技术分析和改进的依据。

2）生产安全事故档案应包括以下资料：

（1）依据生产安全事故报告要素形成的企业职工伤亡事故统计汇总表；

（2）生产安全事故报告；

（3）事故调查情况报告、对事故责任者的处理决定、伤残鉴定、政府的事故处理批复资料及相关影像资料；

（4）其他有关的资料（包括事故"四不放过"处理资料）。

4. 实施事故处理及落实"四不放过"

（1）事故发生单位负责人接到事故报告后，应当立即启动事故相应应急预案，或者采取有效措施，组织抢救，防止事故扩大，减少人员伤亡和财产损失。

（2）事故发生后，有关单位和人员应当妥善保护现场以及相关证据，任何单位和个人不得破坏事故现场、毁灭相关证据，为查清事故原因提供真实、可靠的客观依据。

（3）事故发生单位应当认真吸取事故教训，落实防范和整改措施，防止事故再次发生。

（4）事故发生单位应当按照负责事故调查的人民政府的批复接受行政处罚，并对本单位负有事故责任的人员进行处理。

（5）施工企业的生产安全事故调查和处理必须做到事故原因不查清楚不放过、事故责任者和从业人员未受到教育不放过、事故责任者未受到处理不放过、没有采取防范事故再发生的措施不放过。

（六）安全生产应急救援制度

1. 安全生产应急救援预案制度的建立

1）施工企业应建立事故应急救援预案制度，对事故的应急救援加以管理，以利于企业在发生事故时减少事故损失、降低不良影响，同时有效提高企业员工安全防范技能，提升企业安全管理水平。

2）施工企业的应急救援制度应包括建立组织机构，应急预案编制、审批、演练、评价、完善和应急救援响应工作程序及记录等内容。

3）施工企业应根据施工管理和环境特征，结合本企业承包工程类型、共性特征制定具有通用性和指导性的安全生产应急救援的各项基本要求；工程项目部及相关生产场所应根据企业各项基本要求，针对易发、多发事故部位、工序、分部、分项工程编制符合工程项目个性特点、具体细化的应急救援预案。其内容应包括：

（1）紧急情况、事故类型及特征分析；

（2）应急救援组织机构与人员及职责分工、联系方式；

（3）应急救援设备和器材的调用程序；

（4）与企业内部相关职能部门和外部政府、消防、抢险、医疗等相关单位与部门的信息报告、联系方法；

（5）抢险急救的组织、现场保护、人员撤离及疏散等活动的具体安排。

2. 安全生产应急救援演练制度的建立及实施

（1）安全生产事故应急救援演练，是检验安全生产事故应急救援预案的可操作性、有效性及能否及时施救的重要手段，同时检验救援人员的救援能力，救援队伍能在演练中得到锻炼。建立安全生产应急救援演练制度，形成长效演练机制，使应急救援达到预期成效。

（2）企业安全生产应急救援演练制度应根据安全生产应急救援预案制度的规定，明确应急救援预案培训和交底、演练内容、演练队伍的组成、演练频次、救援设备及物资保障等，并形成文件组织实施。

（3）施工企业应建立应急救援组织机构，组织救援队伍，配备救援物资，并定期进行演练调整等日常工作。

（4）企业应根据应急救援预案定期组织专项应急预案应急演练；针对演练、实战的结果，对应急预案的适宜性和可操作性组织评价，必要时进行修改和完善。

（5）建筑施工企业各管理层应对全体从业人员进行应急救援预案的培训和交底；接到相关报告后，及时启动预案。

3. 应急救援组织的建立、救援人员和物资的落实

（1）施工企业内部各管理层，项目部总承包单位和分包单位应按应急救援预案，各自建立应急救援组织，配备人员和应急设备、物资、器材。

（2）施工企业应建立应急物资保障体系，明确应急设备和器材配备、储存的场所、数量，并定期对应急设备和器材进行检查、维护、保养。

应急救援组织应包括指挥机构（企业主要领导、工程所在地政府协助派出人员，及企业各部门相关负责人等），企业应急救援队伍及工程项目应急救援队伍。

救援人员应由专家、有一定经验的管理人员、实施人员组

成，并保证一定的人数，必须满足救援的需求。

应急救援器材、设备及物资应根据各预案的要求设置，保证救援器材、设备的有效性及物资充足。

三、安全生产管理具体评分建议

安全生产管理考核评价具体评分建议见表4-2。

安全生产管理考核评价具体评分建议表　　　　表 4-2

序号	评定项目	评分标准	否决项	具体扣分幅度建议
1	安全生产责任制度（20分）	·企业未建立安全生产责任制度，扣20分，各部门、各级（岗位）安全生产责任制度不健全，扣10～15分； ·企业未建立安全生产责任制考核制度，扣10分，各部门、各级对各自安全生产责任制未执行，每起扣2分； ·企业未按考核制度组织检查并考核的，扣10分，考核不全面扣5～10分； ·企业未建立、完善安全生产管理目标，扣10分，未对管理目标实施考核的，扣5～10分； ·企业未建立安全生产考核、奖惩制度扣10分，未实施考核和奖惩的，扣5～10分	1. 未建立以企业法人为核心分级负责的各部门及各类人员的安全生产责任制，则该评定项目不应得分； 2. 未建立各部门、各级人员安全生产责任落实情况考核的制度及未对落实情况进行检查的，则该评定项目不应得分； 3. 未实行安全生产的目标管理、制订年度安全生产目标计划、落实责任和责任人及未落实考核的，则该评定项目不应得分	·未建立以企业法人代表为核心分级负责的各部门及各类人员的安全生产责任制度，扣20分。与企业现行的安全生产组织体系不相符，每缺一级安全生产责任扣10分，每缺1个部门或岗位扣5分，未及时修订完善，扣10分。 ·未建立安全生产责任制考核制度，扣10分；各级、各部门或岗位执行有缺陷，每起扣2分。 ·未按考核制度组织检查并考核的，扣10分；未按制度规定的频次进行检查及考核，每缺少一次，扣5分；每缺少一个部门或岗位，扣5分。 ·未建立年度安全生产管理目标，扣10分。 安全生产管理目标制订不符合于政府相关要求和企业具体情况的扣10分； 安全生产管理目标制订内容有缺项，缺一项，扣5分； 未对安全生产管理目标实施检查、考核，扣10分； 对各级部门或岗位的检查考核：缺一级，扣5分；对各部门或岗位的检查考核，缺一个部门或岗位，扣5分。 ·未建立安全生产考核奖惩制度，扣10分。未按考核制度规定的频次进行考核奖惩，每缺一次，扣5分，每少一级扣5分，每少一个部门和岗位扣5分

序号	评定项目	评分标准	否决项	具体扣分幅度建议
2	安全文明资金保障制度（20分）	·企业未建立安全生产、文明施工资金保障制度扣20分； ·制度无针对性和具体措施的，扣10~15分； ·未按规定对安全生产、文明施工措施费的落实情况进行考核，扣10~15分	制度未建立且每年未对与本企业施工规模相适应的资金进行预算和决算，未专款专用，则该评定项目不应得分	·未建立安全生产、文明施工资金保障制度，扣20分。 ·制度未对资金的提取、申请、审核、审批、支付、使用、统计、分析、审计检查等工作内容作出具体规定或制度未明确对安全生产费用使用计划的实施情况定期进行监督审查的措施，每少一类内容扣10分。 ·未按规定对安全生产、文明施工资金的落实情况进行考核，扣15分； 未对安全生产、文明施工资金管理台账进行考核、汇总分析记录或缺失对下一级的落实情况的考核记录，各扣10分
3	安全教育培训制度（15分）	·企业未按规定建立安全培训教育制度，扣15分； ·制度未明确企业主要负责人，项目经理，安全专职人员及其他管理人员，特种作业人员，待岗、转岗、换岗职工，新进单位从业人员安全培训教育要求的，扣5~10分； ·企业未编制年度安全培训教育计划，扣5~10分，企业未按年度计划实施的，扣5~10分	1. 未建立制度且每年未组织对企业主要负责人、项目经理、安全专职人员及其他管理人员的继续教育的，则该评定项目不应得分； 2. 企业年度安全教育计划的编制，职工培训教育的档案管理，各类人员的安全教育，应根据具体情况评定折减分数	·未建立安全教育培训制度，扣15分。 ·制度未明确各类从业人员教育培训内容的，每缺一类，扣5分； 制度缺失教育培训的管理要求（学时、持证、审核等）的，缺一项，扣5分。 ·未编制年度安全教育培训计划，扣10分； 教育培训计划未依据类型、对象、内容、时间安排、形式等需求进行编制的，缺失一项，扣5分；类型、对象、内容、时间安排、形式等内容不符合有关规定的，扣5分； 未按年度教育培训计划实施，扣10分；部分计划未实施：缺失一类人员，扣5分；学时达不到规定要求，每一类扣5分； 未按规定对持相关证书的人员进行安全继续教育或复证教育培训，扣10分

序号	评定项目	评分标准	否决项	具体扣分幅度建议
4	安全检查及隐患排查制度(15分)	·企业未建立安全检查及隐患排查制度,扣15分,制度不全面、不完善的,扣5～10分; ·未按规定组织检查的,扣15分,检查不全面、不及时的,扣5～10分; ·对检查出的隐患未采取定人、定时、定措施进行整改的,每起扣3分,无整改复查记录的,每起扣3分; ·对多发或重大隐患未排查或未采取有效治理措施的,扣3～15分	未建立制度且未对所属的施工现场、后方场站、基地等组织定期和不定期安全检查的,则该评定项目不应得分	·未建立安全检查及隐患排查制度,扣15分; 检查和排查制度未明确工作内容、职责与权限、工作程序及标准,对隐患整改、治理的实际效果指导有缺陷的,每一类扣5分; ·未按规定组织安全检查,扣15分; 未按安全检查制度规定的内容进行检查,缺一项扣5分;未按制度规定的频次进行及时检查,缺一次扣5分。 ·对检查发现的隐患,未采取三定措施进行整改,每起扣3分;对检查发现的隐患,无整改消项、复查处置记录,每起扣3分;对检查出的隐患,无统计、分析,对多发或重大隐患未排查,扣15分。 ·对排查出多发或重大隐患未采取有效治理措施的,每发现一类扣15分。对隐患排查有漏项的,每起扣3分
5	生产安全事故报告处理制度(15分)	·企业未建立生产安全事故报告处理制度,扣15分; ·未按规定及时上报事故的,每起扣15分; ·未建立事故档案扣15分; ·未按规定实施对事故的处理及落实"四不放过"原则的,扣10～15分	1. 未建立制度且未及时、如实上报施工生产中发生伤亡事故的,则该评定项目不应得分。 2. 对已发生的和未遂事故,未按照"四不放过"原则进行处理的,则该评定项目不应得分。 3. 未建立生产安全事故发生及处理情况事故档案的,则该评定项目不应得分	·未制定生产安全事故报告处理制度的,扣15分; ·未按规定及时上报事故(迟报、漏报、谎报或者瞒报)的,扣15分; 生产安全事故报告后出现新情况,未及时补报的,扣15分。 ·未建立生产安全事故档案的,扣15分; ·对已发生的和未遂事故,未按照"四不放过"原则进行处理的,每缺一项扣10分

序号	评定项目	评分标准	否决项	具体扣分幅度建议
6	安全生产应急救援制度(15分)	·未制定事故应急救援预案制度的,扣15分;事故应急救援预案无针对性的,扣5~10分; ·未按规定制定演练制度并实施的,扣5分; ·未按预案建立应急救援组织或落实救援人员和救援物资的,扣5分	未建立制度且未按照本企业经营范围,并结合本企业的施工特点,制定易发、多发事故部位、工序、分部、分项工程的应急救援预案,未对各项应急预案组织实施演练的,则该评定项目不应得分	·未制定安全生产应急救援预案制度的,扣15分;企业未根据施工管理和环境特征,结合本企业承包工程类型、共性特征制定具有通用性和指导性的安全生产应急救援的各项基本要求,扣10分;工程项目部未根据企业各项基本要求,针对易发、多发事故部位、工序、分部、分项工程编制符合工程项目个性特点、具体细化的应急救援预案的,扣10分;安全生产应急救援预案制度内容有一项不完整的,扣5分。 ·未按规定制定演练制度并实施的,扣5分。 ·未按预案建立应急救援组织或落实救援人员和救援物资的,扣5分

四、安全生产管理评分侧重点

本评分表的评分重点在于突出管理的体系化及系统化。所谓体系化即安全生产应涉及企业从企业负责人到项目、班组的所有管理层级,涉及企业所有职能部门和岗位;涉及项目、场站、基地各生产经营场所;所谓系统化是指每一项管理都是以安全生产为核心目标,且从制度设置到实施到调整完善,是可自行闭合的,且每项评定项目和评定项目之间是有逻辑关系、有衔接、无漏洞的,而不是孤立的,如果没有达到上述效果,则应从严评分。

需要说明的是:专业承包和劳务分包企业的机构设置和人员配备可能比总承包企业要精简,但安全生产管理评分表中6个评定项目及评分标准涉及内容,是各类施工企业均不可或缺的,所以此表不应存在缺项评分的情况，即使新办企业首次评价时在落实方面有缺项，但是在其承建了项目后再次评价时，就应该是具备的。

第二节 安全技术管理评分

一、安全技术管理评分评定项目

安全技术管理包括法规、标准和操作规程配置、施工组织设计、专项施工方案（措施）、安全技术交底、危险源控制五个评定项目。

二、安全技术管理要求

施工企业安全技术管理应包括对安全技术措施的制订、实施、改进等的管理。

施工企业各管理层的技术负责人应对管理范围的安全技术管理负责。

施工企业应定期进行技术分析，改造、淘汰落后的施工工艺、技术和设备，推行先进、适用的工艺、技术和装备，完善安全生产作业条件。

施工企业应依据工程规模、类别、难易程度等明确施工组织设计、专项施工方案（措施）的编制、审核和审批的内容、权限、程序及时限。

施工企业应根据施工组织设计、专项施工方案（措施）的审核、审批权限，组织相关职能部门审核，技术负责人审批。审核、审批应有明确意见并签名盖章。编制、审批应在施工前完成。

施工企业应根据施工组织设计、专项施工方案（措施）编制和审批权限的设置，分级进行安全技术交底，编制人员应参与安全技术交底、验收和检查。

施工企业可结合生产实际制定企业内部安全技术标准和图集。

（一）法规、标准和操作规程配置的管理要求

1. 法律、法规、标准、规范的配备

施工企业应根据自身的生产经营范围和施工特点，及时收集、编制并及时更新相关的适用法律、法规、标准、规范文本目录，并将文本资料及时发放到企业相关部门或岗位，以使企业各相关部门和岗位在安排工作时有效指导，为实施现行法律、法规、标准、规范提供有力支撑。

收编适用的安全技术标准、规范应全面。一般应包含以下两类：

（1）综合管理类，涉及文明卫生、劳动保护、职业健康、教育培训、事故管理等；

（2）建筑施工类，涉及土方工程、脚手架工程、模板工程、高处作业、临时用电、起重吊装工程、建筑机械、焊接工程、拆除与爆破工程、消防安全等。

2. 安全操作规程的配备

施工企业同样应根据生产经营范围和施工特点，收集和编制各工种安全操作规程。安全操作规程应按不同的工种（如架子工、钢筋工、混凝土工、油漆工、起重吊装工、各类机械操作工等）分别收集现行有效版本。安全操作规程应当覆盖企业所有的工种。如有效版本中有缺漏，企业应自行编制或补充相应的安全操作规程。

3. 法律、法规、标准、规范和安全操作规程的学习、贯彻实施

施工企业对于收集、更新的安全生产法律、法规、标准、规范，以及编制的安全操作规程，应当采取集中组织讲课讨论、定期培训或交底等各种形式进行学习，并作为企业安全生产管理制度和各类文件制订、各类方案编制的依据。

学习、培训、落实工作应覆盖相关人员和岗位。

（二）施工组织设计的管理要求

1. 建立施工组织设计编制、审核、审批制度

施工企业应建立施工组织设计（包括专项施工方案）编制、审核、审批制度，制度应根据企业自身管理模式、工程规模和难度等，确定施工组织设计的分级编制、审核和审批权限，明确企业技术负责人以及施工项目技术负责人及各级管理层、管理部门应负的安全技术责任以及检查考核要求。

2. 安全技术措施的编制

施工组织设计必须有针对性，是对工程危险源而编制的安全技术措施。

安全技术措施要针对工程特点、施工工艺、作业环境条件以及施工人员的素质等情况进行制订。

对工程中各种危险源，要制订出具体的风险控制和安全防护措施以及作业安全注意事项。

3. 施工组织设计的审核、批准

根据规定，施工组织设计，必须按方案涉及内容，在施工前，由企业（单位）的技术负责人组织技术、安全、计划、设备、材料等相关部门进行审核，由技术负责人进行审批。施工组织设计审核和审批人应有明确意见并签名，部门盖章，必要时，需进行方案论证。方案审批通过后，方可开始施工。

经过审批的施工组织设计，不准随意变更修改。确因客观原因需修改时，应按原审核、审批的分工与程序办理。

（三）专项施工方案（措施）的管理要求

1. 专项施工方案的编制、审核、批准制度

针对危险性较大的分部分项工程以及施工现场的临时用电等，应编制专项施工方案。施工企业在建立施工组织设计编制、审核、审批制度的同时，应同步明确危险性较大的分部分项工程专项施工方案的编制、审核、批准制度。根据自身管理模式、工程规模和难度等，确定分级编制和审批权限，明确企业技术负责人以及施工项目技术负责人及各级管理层、管理部门应负的责任以及检查考核要求。

2. 专项施工方案审核、审批程序的实施

项目部应首先完善专项安全技术方案，并按程序送审。专项安全技术方案应力求细致、全面、具体。并根据需要进行必要的设计计算，对所引用的计算方法和数据，必须注明其来源和依据。所选用的力学模型，必须与实际构造或实际情况相符。为了便于方案的实施，方案中除应有详尽的文字说明外，还应有必要的构造详图。图示应清晰明了，标注齐全。

专项施工方案的审批程序应严格遵守对项目部报送的送审方案，企业技术负责人应当组织各相关部门审核、审批。

专项施工方案（包括修改方案）应按企业规定由企业技术部门组织实施审批程序，具体程序应参照施工组织设计（方案）的审批。

3. 明确需进行专家论证的危险性较大的分部分项工程清单

企业应当根据现行法律、法规和企业自身的生产经营特点，确定企业可能涉及的、需经专家认证的危险性较大的分部分项工程专项方案的清单，以便在具体实施过程中落实相应的检查考核。

（四）安全技术交底的管理要求

1. 安全技术交底规定

安全技术交底是安全技术措施实施的重要环节。施工企业必须制订安全技术分级交底职责管理要求、职责权限和工作程序，以及分解落实、监督检查的规定。

2. 分级安全技术交底的有效落实

应根据各管理层级的不同需求，进行针对性的交底，细致全面、追求实效，不能流于形式。主要分级原则如下：

企业内部规定重点工程开工前，企业的技术责任人应当组织相关职能部门、工程项目负责人进行方案编制的安全技术交底，指导方案的编制。

各分部分项工程，关键工序的专项方案实施前，项目技术负责人应当将安全技术措施、方案内容向相关施工管理人员进行交底。

总承包单位的相关施工管理人员向分包单位，以及分包单位工程项目的安全技术人员向作业班组分别进行安全技术措施、方案实施要求的交底。

作业班组应对作业人员进行班前的交底，明确操作要求和注意事项。

对新进场的工人实施作业人员工种交底，了解工程环境及作业要求。

3. 安全技术书面交底手续

所有安全技术交底除口头交底外，还必须有书面交底记录，交底双方应履行签名手续，交底、被交底双方应各自保存交底的书面记录。

（五）危险源控制的管理要求

1. 危险源监管制度的建立

施工企业应当建立危险源监管制度，内容应包括对重大危险源可能出现的伤害范围、性质和时效性的辨识以及风险评价，控制措施的制定，实施部门和岗位的责任权限等。

2. 危险源监管制度的完善

企业应当完善危险源监管制度，各施工企业应根据本企业的施工特点，依据承包工程的类型、特征、规模及自身管理水平等情况，辨识出危险源，列出清单。同时施工企业应建立管理档案，其内容包括危险源与不利环境因素识别、评价结果和清单。对重大危险源可能出现伤害的范围、性质和时效性，制订消除和控制的措施，且纳入企业安全管理制度、员工安全教育培训、安全操作规程或安全技术措施中。不同的施工企业应有不同的重大危险源，同一个企业随承包工程性质的改变，或管理水平的变化，也会引起重大危险源的数量和内容的改变，因此企业对重大危险源的识别及相关管理要求应及时更新。

3. 明确危险源

施工企业应当根据生产经营特点，依照危险源监管制度要求，编制危险源清单，以供各项目部参照选取。各项目部在此基础上针对项目特点，可增减本项目部的危险源清单。

4. 重大危险源的管理方案或控制措施

对重大危险源应当制订管理方案或专项措施，施工企业应明确主管部门或岗位的监管职责，以及相关部门或岗位的配合职责。以确保专项措施的有效落实，切实控制施工过程中的安全风险。

5. 建立危险源公示、告知制度

施工企业应当建立危险源公示、告知制度，对工程项目危险源公示内容、格式、公示时间、公示地点等作出具体规定。企业应定期公布危险源清单，项目部应根据不同的施工阶段、作业范围、作业内容，适时公示危险源，并每天班前告知作业人员规避风险的要求及可能产生的后果。

三、安全技术管理具体评分建议

安全技术管理考核评价具体评分建议见表4-3。

安全技术管理考核评价具体评分建议表　　　　表 4-3

序号	评定项目	评分标准	否决项	具体扣分建议
1	法规、标准和操作规程配置（10分）	·企业未配备与生产经营内容相适应的现行的有关安全生产方面的法律、法规、标准、规范和规程的，扣10分，配备不齐全的，扣3~10分； ·企业未配备各工种安全技术操作规程的，扣10分，配备不齐全的，缺一个工种扣1分； ·企业未组织学习和贯彻实施安全生产方面的法律、法规、标准、规范和规程的，扣3~5分	未配备与企业生产经营内容相适应的、现行的有关安全生产方面的法规、标准，以及各工种安全技术操作规程，并未及时组织学习和贯彻的，则该评定项目不应得分	·企业未配备现行有效的与企业生产经营内容和施工特点相适应的安全生产法律、法规、标准、规范的扣10分； 　如发现有缺少的或有不匹配的或有版本过期的，各扣3分。 ·企业未按自身性质和施工特点，配齐各工种安全操作规程的，每缺少一个工种（包括版本）扣1分，直至扣完10分。 ·对法律、法规、标准、规范、安全操作规程未采取有效手段组织学习的，视情况扣5分； 　学习、培训、落实不能覆盖相关施工、管理的人员和岗位的，每发现一人存在缺漏的扣3分

序号	评定项目	评分标准	否决项	具体扣分建议
2	施工组织设计（15分）	·企业无施工组织设计编制、审核、批准制度的，扣15分； ·施工组织设计中未明确安全技术措施的扣10分； ·未按程序进行审核、批准的，每起扣3分	未建立编制、审核、批准制度的，则该评定项目不应得分	·未制定制度的，扣15分，其中编制、审核、审批要求的完善性，各扣5分。 ·发现一个工程施工组织设计（方案）中对存在的工程内容未明确安全技术措施的，即扣10分。 ·发现有一个工程的施工组织设计（方案）审批手续不全，或未通过审批先施工的即扣3分，直至扣完
3	专项施工方案（措施）（25分）	·未建立对危险性较大的分部分项工程编写、审核、批准专项施工方案制度的，扣25分； ·未实施或按程序审核、批准的，每起扣3分； ·未按规定明确本单位需进行专家论证的危险性较大的分部分项工程名录（清单）的，每起扣3分	未建立对危险性较大的分部分项工程编制、审核、批准制度的，则该评定项目不应得分	·未建立专项施工方案审批制度或相关程序的扣25分。其中编制、审核、审批要求的完善性，各扣8分。 ·发现有一个工程的专项施工方案审批手续不全，或未通过审批先施工的即扣3分，直至扣完。 ·每发现一个工程存在分部分项工程名录（清单）与实际比对有缺漏、错误的，扣3分，直至扣完
4	安全技术交底（25分）	·企业未制定安全技术交底规定的，扣25分； ·未有效落实各级安全技术交底的，扣5～10分； ·交底无书面记录，未履行签字手续的，每起扣1～3分	未制定安全技术交底规定的，则该评定项目不应得分	·企业未制定相关规定和制度的，则应扣25分。 ·从记录看，未有效落实各级安全技术交底的，每缺少一级扣5分，如果每发现一级存在问题，缺少内容或无针对性的，每起再扣2分。 ·工程项目部安全技术交底书面记录，应当齐全，未履行签名手续的，每起扣1分，签名造假的，每起扣3分，直至扣完

序号	评定项目	评分标准	否决项	具体扣分建议
5	危险源控制（25分）	·企业未建立危险源监管制度的，扣25分； ·制度不齐全、不完善的，扣5~10分； ·未根据生产经营特点明确危险源的，扣5~10分； ·未针对识别评价出的重大危险源制订管理方案或相应措施的，扣5~10分； ·企业未建立危险源公示、告知制度的，扣8~10分	未根据本企业的施工特点，建立危险源监管制度的，则该评定项目不应得分	·未按法规要求，建立危险源监管制度的，扣25分。 ·制度的内容，包括识别、评价、控制、更新等规定不尽完善的，每起扣5分； 有漏项，每项扣2分；内容不完善的，每项扣一分。 ·未根据企业生产经营特点建立危险源清单的，扣10分； 建立的危险源清单内容不齐全或不符合生产经营特点的，扣5分。 ·对重大危险源未制订相应的管理方案或专项措施的，扣10分。 ·管理方案或专项措施不完善，缺乏针对性的，扣5分。 ·未建立危险源公示、告知制度的，扣10分；有制度但执行不良的，扣8分

四、安全技术管理评分侧重点

1）安全技术管理评分表的重点是把握技术管理对企业安全生产的指导、隐患的预防、条件改善的技术支撑效果。如果各项工作能完成，但对现场的实际情况帮助不大，或者相符性有问题，或者实际效果有差距，则也不应得高分。

2）对于专业承包和劳务分包企业，交底的级数可以根据实际情况予以适当减少。

3）缺项处理问题

（1）劳务分包企业可能不存在施工组织设计和专项施工方案

的编制，"施工组织设计"、"专项施工方案（措施）"可作为缺项处理。

（2）专业承包内容如果不涉及专项施工方案，"专项施工方案（措施）"也可作为缺项处理。

（3）其余评定项目各类企业均应具备。

第三节　设备和设施管理评分

一、设备和设施管理评分项目

设备和设施管理包括设备安全管理、设施和防护用品、安全标志、安全检查测试工具等四个评定项目。

二、设备和设施管理要求

施工企业设备、设施和劳动防护用品的安全管理应包括购置、租赁、装拆、验收、检测、使用、检查、保养、维修、改造和报废等内容。

施工企业应根据安全管理目标，生产经营特点、规模、环境等，配备符合安全生产要求的施工、设备、设施劳动防护用品及相关的安全检测器具。

施工企业应自行设计或优先选用标准化、定型化、工具化的安全防护设施。

（一）设备安全的管理要求

1. 设备安全管理制度的建立

1）设备安全管理制度的内容：对各类企业自备或企业使用的设备（包括各类特种设备、大型设备，如：龙门架或井字架、各类塔式起重机、履带起重机、汽车（轮胎式）起重机、施工升降机、土方工程机械、桩机工程机械等）的采购、租赁、安装（拆除）、验收、检测、使用、检查、保养、维修、改造和报废等管理工作进行控制。

2）设备安全管理制度应明确各部门及相关人员的职责、工作程序，安全管理制度应具有针对性、可操作性。并满足以下要求：

（1）施工单位采购、租赁的安全防护用具、机械设备、施工机具及配件，应当具有生产（制造）许可证、产品合格证，并在进入施工现场前进行查验。

施工现场的安全防护用具、机械设备、施工机具及配件必须由专人管理，定期进行检查、维修和保养，建立相应的资料档案，并按照国家有关规定及时报废。

（2）施工单位在使用施工起重机械和整体提升脚手架、模板等自升式架设设施前，应当组织有关单位进行验收，也可以委托具有相应资质的检验检测机构进行验收；使用承租的机械设备和施工机具及配件的，由施工总承包单位、分包单位、出租单位和安装单位共同进行验收。验收合格的方可使用。

《特种设备安全监察条例》规定的施工起重机械，在验收前应当经有相应资质的检验检测机构监督检验合格。

施工单位应当自施工起重机械和整体提升脚手架、模板等自升式架设设施验收合格之日起30日内，向建设行政主管部门或者其他有关部门登记。登记标志应当置于或者附着于该设备的显著位置。

2. 设备安全管理制度的健全完善

设备安全管理制度应覆盖前述各项要求，并根据实施情况和内外部环境要求动态补充调整。

3. 设备的证书和台账管理

设备的证书应包含在技术档案之中。

台账是对企业所有设备的管理记录，包括采购、租赁、改造、报废计划及检查、实施情况的管理。

施工企业应当建立设备管理台账，应有设备状况明细表，包括自有设备、出租设备、承租设备的数量、设备型号及规格等简要情况说明。

施工企业应定期检查、分析施工设备、设施和劳动防护用品及相关的安全检测器具的安全状态，日常使用中的检查和维修保养记录，确定指导、改进的重点，采取必要的改进措施。

4. 设备的技术档案管理

档案是针对设备个体的记录，企业应建立并保存对施工设备、设施和劳动防护用品及相关的安全检测器具的管理档案，并应记录下列内容：

施工企业应当按设备管理制度建立设备技术档案，档案内应有设备来源、类型、数量、技术性能、使用年限等静态管理信息，有设备的有效证照（产品使用说明书、产品合格证、实行许可证制度产品的许可证等）、装拆方案、验收证书，以及目前的使用地点、使用状态、使用责任人、检测、检查、日常维修保养等动态管理信息。

5. 设备管理机构和人员配备

生产经营活动包含机械设备的施工企业，应按规定设置相应的设备管理机构或者配备专职的人员进行设备管理。

施工企业应当按照规定在公司、分支机构、施工现场设置相应的设备管理机构或者配备专（兼）职管理人员，设备专（兼）职管理人员必须持证上岗。

（二）设施和防护用品的管理要求

1. 供应单位和防护用品管理制度的建立与实施

（1）施工企业应建立安全设施所需物资（如：搭设脚手架所需钢管、扣件、脚手板等）及个人防护用品（如：安全帽、安全网等）的供应单位的名录，企业应对其资质以及生产经历、信誉、生产能力等方面有具体的控制要求等相关制度。

（2）应建立、健全个人安全防护用品的采购、验收、保管、发放、使用、更换、报废等管理制度，为施工人员配备必需的符合标准的防护用品。

设施和防护用品管理应覆盖前述各项要求，并根据实施情况和内外部环境的要求动态补充调整。

2. 施工现场临时设施相关管理制度的建立与实施

施工单位应当将施工现场的办公、生活区与作业区分开设置，并保持安全距离；办公、生活区的选址应当符合安全性要求。职工的膳食、饮水、休息场所等应当符合卫生标准。施工单位不得在尚未竣工的建筑物内设置员工集体宿舍。

施工现场临时搭建的建筑物应当符合安全使用要求。施工现场使用的装配式活动房屋应当具有产品合格证。

施工企业应当建立施工现场临时设施（包括临时建、构筑物、活动板房）的采购、租赁、搭设与拆除、验收、检查、使用的相关管理规定，包括管理的组织，管理的程序，管理的具体要求，从而为施工人员提供一个安全、良好的工作、生活环境。

施工现场应按规定实施管理，并做好记录。

（三）安全标志的管理要求

1. 安全标志使用管理制度的建立与健全

施工单位应当在施工现场入口处、施工起重机械、临时用电设施、脚手架、出入通道口、楼梯口、电梯井口、孔洞口、桥梁口、隧道口、基坑边沿、爆破物及有害危险气体和液体存放处等危险部位，设置明显的安全警示标志。安全警示标志必须符合国家标准。

施工企业应当按照国家的相关规定，建立在施工现场危险部位，设置及正确使用和定期检查安全警示、警告标识标示的管理规定。

2. 安全标志使用管理制度的检查实施

对安全标志的检查应纳入现场日查巡查的内容。

（四）安全检查测试工具的管理要求

1. 安全检查测试工具管理制度的建立与健全

施工企业应根据本企业施工特点制定符合施工场所安全生产的安全检查检验仪器、工具的配备、验收、检查制度。

2. 安全检查测试工具清单

与设备管理相似，应建立安全检查、测试工具的管理台账以及个体档案。

台账包括所有安全检查、测试工具状况明细表，包括数量、型号及规格等简要情况说明、日常使用中的检查和维修保养记录等。

管理档案应记录下列内容：

档案内应有安全检查、测试工具来源、类型、数量、技术性能、使用年限等静态管理信息，包括有效证照（产品使用说明书、产品合格证、实行许可证制度产品的许可证等），装拆方案，验收检测证书以及安全检查、检验仪器、使用地点、使用人的清单。

三、设备和设施管理具体评分建议

设备和设施管理考核评价具体评分建议见表 4-4。

设备和设施管理考核评价具体评分建议表 表 4-4

序号	评定项目	评分标准	否决项	具体扣分建议
1	设备安全管理（30分）	·未制定设备（包括应急救援器材）采购、租赁、安装、拆除、验收、检测、使用、检查、保养、维修、改造和报废制度，扣30分； ·制度不齐全、不完善的，扣10～15分； ·设备的相关证书不齐全或未建立台账的，扣3～5分； ·未按规定建立技术档案或档案资料不齐全的，每起扣2分； ·未配备设备管理的专（兼）职人员的，扣10分	未建立机械、设备（包括应急救援器材）采购、租赁、安装、拆除、验收、检测、使用、检查、保养、维修、改造和报废制度的，则该评定项目不应得分	·未制定设备（包括应急救援器材）采购、租赁、安装、拆除、验收、检测、使用、检查、保养、维修、改造和报废制度的扣30分。 ·设备安全管理制度不齐全、不完善的每起扣10分，以后每少一类或每有一类缺乏可操作性扣5分。 ·未建立台账扣3分，有一个设备证书不齐全的扣5分。 ·设备未按规定建立技术档案，每发现一个扣2分。 ·未按规定配备专（兼）职管理人员的扣10分；配备有缺陷的，酌情扣分

序号	评定项目	评分标准	否决项	具体扣分建议
2	设施和防护用品(30分)	·未制定安全物资供应单位及施工人员个人安全防护用品管理制度的,扣30分; ·未按制度执行的,每起扣2分; ·未建立施工现场临时设施(包括临时建、构筑物、活动板房)的采购、租赁、搭设与拆除、验收、检查、使用的相关管理规定的,扣30分; ·未按管理规定实施或实施有缺陷的,每项扣2分	未建立安全设施及个人防护用品的发放、使用管理制度的,则该评定项目不应得分	·未制定安全设施、物资供应单位及施工人员个人安全防护用品管理制度的,扣30分。 ·安全设施、物资供应单位及施工人员个人安全防护用品日常管理未按制度执行的,存在过期失效或未发放等管理的,每起扣2分。 ·未建立施工现场临时设施(包括临时建、构筑物、活动板房)的采购、租赁、搭设与拆除、验收、检查、使用的相关管理规定的,扣30分。 ·组织、程序、工作质量存在缺陷,每项每发生一起扣2分
3	安全标志(20分)	·未制定施工现场安全警示、警告标识、标志使用管理规定的,扣20分; ·未定期检查实施情况的,每项扣5分	未制定施工现场安全警示、警告标识、标志使用管理规定的,则该评定项目不应得分	·未制定施工现场安全警示、警告标识、标志使用管理规定的,扣20分。 ·安全警示、警告标识、标志使用的实施、监督和指导情况存在缺陷,每项每发生一起扣5分

序号	评定项目	评分标准	否决项	具体扣分建议
4	安全检查测试工具（20分）	·企业未制定施工场所安全检查、检验仪器、工具配备制度的，扣20分； ·企业未建立安全检查、检验仪器、工具配备清单的，扣5～15分	未建立安全检查检验仪器、仪表及工具配备制度的，则该评定项目不应得分	·未制定施工场所安全检查、检验仪器、工具配备制度的扣20分。 ·企业未建立安全检查、检验仪器、工具配备清单的扣5分； 企业未建立检验仪器、工具个体档案的，每发现一起档案不全扣5分

四、设备、设施管理评分侧重点

设备、设施管理评分表的重点是施工企业对所配备、所使用的设施、设备静态、动态状况的知晓度，这是设备、设施管理的基础。如果了解度不够，则应严格评分。

需要说明的是：部分劳务分包企业在施工过程中使用的设备、设施可以由发包单位提供，劳务分包企业自身可以不配备设备，但应有使用的小型机具。

第四节 企业市场行为评分

一、企业市场行为管理评分评定项目

企业市场行为包括安全生产许可证，安全生产文明施工，安全质量标准化达标，资质、机构与人员管理等四个评定项目。

二、企业市场行为管理要求

施工企业市场行为管理评分主要是规范施工企业的市场行为。评价企业对安全生产许可证条件的管理和保持。

通过对施工企业以及企业当地主管部门日常对企业安全文明施工工作的管理业绩，以及安全质量标准化工作的开展进行评价，鼓励企业对安全生产、文明施工、安全质量标准化工作的长

效管理。

为切实加强施工企业安全管理工作，按照《中华人民共和国安全生产法》等法律法规要求，企业应建立安全生产管理组织体系，即各项安全管理内容都应有相应的职能机构和岗位落实，而不是仅限于安全管理机构和人员，应建立横向到边、纵向到底的管理网络，负责企业的日常安全生产工作的开展。对实行总、分包的企业，企业应对分包单位的资质以及生产经历、信誉、人员等方面有具体的控制要求。

（一）安全生产许可证的管理要求

1. 企业取得安全生产许可证后方可承接施工任务

《建筑施工企业安全生产许可证管理规定》（建设部令第 128号）规定：

（1）国家对建筑施工企业实行安全生产许可制度。建筑施工企业未取得安全生产许可证的，不得从事建筑施工活动。

（2）建筑施工企业未取得安全生产许可证擅自从事建筑施工活动的，责令其在建项目停止施工，没收违法所得，并处 10 万元以上 50 万元以下的罚款；造成重大安全事故或者其他严重后果，构成犯罪的，依法追究刑事责任。

以上所称建筑施工企业，包括施工总承包、专业承包和劳务分包企业。比较容易忽视的是处于二级市场，不需要公开招标投标的分包企业。

2. 安全生产许可证暂扣期间不得继续承接施工任务

1）施工企业出现下列状况，可能被暂扣、吊销安全生产许可证：

（1）安全生产许可证颁发管理机关发现企业不再具备安全生产条件的，应当暂扣或者吊销安全生产许可证。

（2）取得安全生产许可证的施工企业，发生重大安全事故的，暂扣安全生产许可证并限期整改。

（3）施工企业不再具备安全生产条件的，暂扣安全生产许可证并限期整改；情节严重的，吊销安全生产许可证。

2）施工企业在暂扣安全生产许可证期间，类同未取得安全生产许可证的状况，因此不得承接新的建筑施工任务。

3. 企业资质与承发包生产经营行为的相符性

《建筑法》、《建筑业企业资质管理规定》（建设部令第159号）规定：

1）建筑业企业应当按照其拥有的注册资本、专业技术人员、技术装备和已完成的建筑工程业绩等条件申请资质，经审查合格，取得建筑业企业资质证书后，方可在资质许可的范围内从事建筑施工活动。

2）建筑业企业资质分为施工总承包、专业承包和劳务分包三个序列。

（1）取得施工总承包资质的企业（以下简称施工总承包企业），可以承接施工总承包工程。施工总承包企业可以对所承接的施工总承包工程内各专业工程全部自行施工，也可以将专业工程或劳务作业依法分包给具有相应资质的专业承包企业或劳务分包企业。

（2）取得专业承包资质的企业（以下简称专业承包企业），可以承接施工总承包企业分包的专业工程和建设单位依法发包的专业工程。专业承包企业可以对所承接的专业工程全部自行施工，也可以将劳务作业依法分包给具有相应资质的劳务分包企业。

（3）取得劳务分包资质的企业（以下简称劳务分包企业），可以承接施工总承包企业或专业承包企业分包的劳务作业。

3）资质有效期届满，企业需要延续资质证书有效期的，应当在资质证书有效期届满60日前，申请办理资质延续手续。

（1）对在资质有效期内遵守有关法律、法规、规章、技术标准，信用档案中无不良行为记录，且注册资本、专业技术人员满足资质标准要求的企业，经资质许可机关同意，有效期延续5年。

（2）如果企业超越本单位资质等级承揽工程，或无资质承揽工程，很有可能企业达不到资质规定的基本条件和能力，包括安全生产所必需的人员、装备、技术水平、施工同类工程经验等，带来安全隐患，因此强调必需相符。

4. 企业主要负责人、项目负责人、专职安全管理人员的安全生产合格证书

根据《建筑施工企业主要负责人、项目负责人和专职安全生产管理人员安全生产考核管理暂行规定》（建质〔2004〕59号）规定：

（1）企业资质证书载明的企业法定代表人、总经理、企业技术负责人必须经政府建设主管部门认可的机构培训考核合格并取得企业主要负责人证书（A证），项目经理必须获得项目负责人证书（B证），专职安全员必须获得专职安全生产管理人员证书（C证），具备相应的安全生产知识和管理能力。

（2）企业的主要负责人、项目负责人、专职安全生产管理人员应根据企业资质等级、经营规模、设备管理和生产需要予以配备。

（3）企业的主要负责人、项目负责人、专职安全生产管理人员应按法律法规的规定定期复审，复审不合格不得继续上岗。

（4）建筑施工企业管理人员安全生产考核合格证书有效期为3年。有效期满需要延期的，应当于期满前3个月内向原发证机关申请办理延期手续。

（5）建筑施工企业管理人员在安全生产考核合格证书有效期内，严格遵守安全生产法律法规，认真履行安全生产职责，按规定接受企业年度安全生产教育培训，未发生死亡事故的，安全生产考核合格证书有效期届满时，经原安全生产考核合格证书发证机关同意，不再考核，安全生产考核合格证书有效期延期3年。

（二）安全生产文明施工的管理要求

1. 企业资质受到降级处罚

《建筑业企业资质管理规定》（建设部令第159号）规定：

企业取得建筑业企业资质后不再符合相应资质条件的，建设

主管部门、其他有关部门根据利害关系人的请求或者依据职权，可以责令其限期改正；逾期不改的，资质许可机关可以撤回其资质。被撤回建筑业企业资质的企业，可以申请资质许可机关按照其实际达到的资质标准，重新核定资质。

2. 企业受到暂扣安全生产许可证的处罚

《建筑施工企业安全生产许可证动态监管暂行办法》（建质〔2008〕121号）规定：

1）市、县级人民政府建设主管部门或其委托的建筑安全监督机构在日常安全生产监督检查中，应当查验承建工程施工企业的安全生产许可证。发现企业降低施工现场安全生产条件的或存在事故隐患的，应立即提出整改要求；情节严重的，应责令工程项目停止施工并限期整改。

2）符合下列情形之一的，市、县级人民政府建设主管部门应当于作出最后一次停止施工决定之日起15日内以书面形式向颁发管理机关（县级人民政府建设主管部门同时抄报设区的市级人民政府建设主管部门；工程承建企业跨省施工的，通过省级人民政府建设主管部门抄告）提出暂扣企业安全生产许可证的建议，并附具企业及有关工程项目违法违规事实和证明安全生产条件降低的相关询问笔录或其他证据材料。

（1）在12个月内，同一企业同一项目被两次责令停止施工的。

（2）在12个月内，同一企业在同一市、县内三个项目被责令停止施工的。

（3）施工企业承建工程经责令停止施工后，整改仍达不到要求或拒不停工整改的。

3）暂扣安全生产许可证处罚视事故发生级别和安全生产条件降低情况，按下列标准执行：

（1）发生一般事故的，暂扣安全生产许可证30～60日。

（2）发生较大事故的，暂扣安全生产许可证60～90日。

（3）发生重大事故的，暂扣安全生产许可证90～120日。

4）建筑施工企业在 12 个月内第二次发生生产安全事故的，视事故级别和安全生产条件降低情况，分别按下列标准进行处罚：

（1）发生一般事故的，暂扣时限为在上一次暂扣时限的基础上再增加 30 日。

（2）发生较大事故的，暂扣时限为在上一次暂扣时限的基础上再增加 60 日。

（3）发生重大事故的，或按本条（一）、（二）处罚。暂扣时限超过 120 日的，吊销安全生产许可证。

5）12 个月内同一企业连续发生三次生产安全事故的，吊销安全生产许可证。

3. 企业受当地建设行政主管部门通报处分

《中华人民共和国安全生产法》规定：县级以上地方各级人民政府应当根据本行政区域内的安全生产状况，组织有关部门按照职责分工，对本行政区域内容易发生重大生产安全事故的生产经营单位进行严格检查；发现事故隐患，应当及时处理。

因此，各级建设行政主管部门对各施工企业的安全生产有直接的监管、处理权，也是最了解企业日常业绩状况的。被通报处分的对象往往是有问题，且在一定的时间阶段或某一特定事项、特定背景中，具有典型性的施工企业，通报可以同时给行业以警示作用。

4. 企业受当地建设行政主管部门经济处罚

为了规范行政处罚的设定和实施，保障和监督行政机关有效实施行政管理，维护公共利益和社会秩序，保护公民、法人或者其他组织的合法权益，对违反了有关法律法规规定，如违反各地的建筑市场管理条例中安全生产相关内容的施工企业进行经济处罚，是一种有效的约束机制和管理办法。

5. 企业受到省级及以上通报批评；受到地市级通报批评

企业受到当地建设行政主管部门以上级别的通报批评，其违法违规情况更严重，更有代表性，对其通报更有警示作用。

（三）安全质量标准化达标的管理要求

安全质量标准化是国务院和住房和城乡建设部的规定，是为了促进企业提高安全管理水平，建立长效的安全管理机制，保持安全常态化管理的一项基础性的工作。要求企业、施工现场管理机构、施工班组、施工人员四个层面的管理、实物状态都必须符合标准。

《关于继续深入开展建筑安全生产标准化工作的通知》（建安办函〔2011〕14号）要求：要进一步明确开展建筑安全生产标准化工作的要求、目标、任务和考核办法，继续健全完善以《施工企业安全生产评价标准》JGJ/T 77—2010 和《建筑施工安全检查标准》JGJ 59—99 及有关规定为核心的考评体系，科学评定建筑施工企业和工程项目安全生产标准化工作。要进一步加强和规范企业安全生产管理工作，推进企业全员、全方位、全过程的安全管理，促进安全生产标准化工作的深入开展。

建筑施工企业应提高认识，加强领导，积极展开建筑施工安全质量标准化工作，夯实建筑施工安全生产基础性工作。

《建设部关于展开建筑施工安全质量标准化工作的指导意见》要求：通过在建筑施工企业及其施工现场推行标准化管理，实现企业市场行为的规范化、安全管理流程的程序化、场容场貌的秩序化和施工现场安全防护化的标准化，促进企业建立运转有效的自我保障体系。目标实施分为建筑施工企业工程达标的合格率和优良率。

合格和优良率具体标准与达标要求各地自行规定。以上海市现行规定为例：

（1）《上海市建筑施工安全质量标准化工作的实施办法》将行政区域内各类从事建设工程施工活动的建筑施工企业（包括专业承包及劳务分包），以及施工现场全部纳入考核范围，参建各方的行为标准进一步细化，更加注重施工现场的过程管理程序，对每日巡查、每周检查、每月评定、每季度确认、竣工确认等提出详细的要求和考核办法，使各种考核环环相扣，在促进主体意识落实的同时，强调管理的连续性和系统性，建立长效机制。

（2）《上海市建筑施工安全质量标准化工作的实施办法》中明确要求，项目部要进行日巡查、周自查，企业月评定（项目分包由总包进行评定），监理复核，监督站每季度实施考核确认、竣工评定（专业工程或整个工程竣工后均要有一张竣工评定表）。其中，月评定、复核的主要依据，来源于施工现场实物状况与各参与主体日常检查整改情况的对照和一些基本要求或规定的实施，季度确认主要根据月评定、复核的结果，竣工结论主要根据季度确认的结果，年度对企业的考评则主要根据企业所属工地的竣工结论，每个环节都确保到位。参建各方将隐患排查工作融入日常的隐患检查中，并在安全检查记录中对隐患进行分类、编号，以便于统计分析。另外，总包单位每月上报（网上可实时上报）更新施工现场的危险性较大的分部分项工程的施工信息，监理单位进行审核，工程监督部门汇总。

（3）上海市对施工现场的安全质量标准化达标实施年度考核，考核结果与安全生产许可证的动态考核及延期考核挂钩，没有认真实施标准化的工地将被作为重点监控对象；对于没有开展安全质量标准化工作或年度考核不合格的企业，上海市除采取通报、安全生产条件核查、重点监控等方式，还会将考核结果与企业资质、招标投标管理挂钩。使安全质量标准化达标成为落实各项安全基本法律法规、制度标准的一个有形有力的抓手，促进了安全生产各项工作的延伸和升华。

（四）资质、机构与人员的管理要求

1. 企业安全生产管理组织体系（包括机构和人员等）、人员资格管理制度的建立

企业安全生产管理组织体系是明确企业的安全管理组织架构，规定各级领导、各职能部门和各类人员在施工生产活动中应负的安全职责，把"管生产必须管安全、安全生产人人有责"的原则从制度上固定下来，把安全与生产从组织上统一起来，从而强化企业各级安全生产责任，增强所有管理人员必须具备的安全

管理能力以及安全生产责任意识，使安全管理纵向到底、横向到边、专管成线、群管成网，做到责任明确，协调配合，确保每个职工在自己的岗位上，认真履行各自的安全职责，共同努力去实现安全生产。

企业应建立总分包单位安全生产管理组织网络，建立以企业主要负责人为首，各层次职能部门共同参与的安全管理体系。

企业安全生产管理组织体系必须覆盖以下人员、部门和单位：

（1）企业主要负责人（即：在日常生产经营活动中具有决策权的领导人，如：企业法定代表人，企业最高行政管理人员等）；

（2）企业技术负责人（总工程师）；

（3）企业分支机构主要负责人；

（4）项目负责人与项目管理人员；

（5）作业班组长；

（6）企业各层次安全生产管理机构与专职安全生产管理人员；

（7）企业各层次承担生产、技术、机械动力设备、材料、劳务、经营、财务、审计、教育、劳资、卫生、后勤等的职能部门与管理人员；

（8）分包单位的现场负责人、管理人员和作业班组长。

2. 人员资格

施工企业主要负责人和安全生产管理人员，应当由有关主管部门对其安全生产知识和管理能力考核合格后方可任职。

（1）项目负责人应当由取得相应职业资格的人员担任。

（2）特种作业人员应由取得政府建设行政主管部门认可的机构培训考核，并取得本岗位的操作资格证书，在核定的专业许可的范围内从事相应的工作，持证上岗。

特种作业人员包括建筑电工、建筑施工脚手架架子工、建筑起重信号司索工、建筑起重机械司机、建筑起重机械安装拆卸工、吊篮安装拆卸（操作）工、桩工机械安装拆卸（操作）工、建筑焊割（操作）工等。

（3）其他管理人员和作业人员应根据政府主管部门的有关要求、应经培训及取得本岗位证书或操作证书，具备相应的安全生产知识和技能。

3. 企业安全管理机构的设置和专职安全生产管理人员的配置

安全生产管理机构及专职安全生产管理人员是协助企业各级负责人执行安全生产管理方针、政策和法律法规，实现安全生产管理目标的具体工作部门和人员。施工企业应当依法独立设置安全生产管理机构，在企业主要负责人的领导下开展本企业安全生产管理工作；配备与其经营规模相适应、由企业直接委派的具有相关技术职称的专职安全生产管理人员，在班组设兼职安全巡查员，协助班组长搞好班组安全生产管理。

专职安全生产管理人员配备数量应符合《建筑施工企业安全生产管理机构设置及专职安全生产管理人员配备办法》（建质〔2008〕91号）的规定要求：

1）企业安全生产管理机构的专职安全生产管理人员配备应符合资质等级要求，并应根据企业经营规模、设备管理和生产需要予以增加：

（1）建筑施工总承包资质序列企业：特级资质企业不可少于6人；一级资质企业不少于4人；二级和二级以下资质企业不少于3人。

（2）建筑施工专业承包资质序列企业：一级资质企业不少于3人；二级和二级以下资质企业不少于2人。

（3）建筑施工劳务分包资质序列企业：不少于2人。

（4）建筑施工企业的分公司、区域公司等较大的分支机构应根据实际生产情况配备不少于2人的专职安全生产管理人员。

2）企业应实行建设工程项目专职安全生产管理人员委派制度，建设工程项目的专职安全生产管理人员应当定期将项目安全生产管理情况书面报告安全生产管理机构。

3）总承包单位配备项目专职安全生产管理人员应当满足《建筑施工企业安全生产管理机构设置及专职安全生产管理人员配备办法》（建质〔2008〕91号）规定的要求：

（1）建筑工程、装修工程按照建筑面积配备：

①1万 m^2 以下的工程不少于1人；

②1万～5万 m^2 的工程不可少于2人；

③5万 m^2 以上的工程不可少于3人，且按专业配备专职安全生产管理人员。

（2）土木工程、线路管道、设备安装工程按照工程合同价配备：

①5000万元以下的工程不可少于1人；

②5000万～1亿元的工程不可少于2人；

③1亿元以上的工程不可少于3人，且按专业配备专职安全生产管理人员。

4）分包单位配备项目专职安全生产管理人员应当满足下列要求：

（1）专业承包单位应当配备至少1人，并根据所承担的分部分项工程的工程量和施工危险程度增加。

（2）劳务分包单位的专职安全生产管理人员配备：

①施工人员在50人以下的应当配备1人；

②施工人员在50～200人的应当配备2人；

③施工人员在200人以上的应当配备3人以上，并根据所承担的分部分项工程施工危险程度实际情况增加，不得少于工程施工人员总人数的0.5%。

5）采用新技术、新工艺、新材料或致害因素多，施工作业难度大的工程项目，项目专项安全生产管理人员的数量应当根据施工实际情况，在总承包单位和分包单位的配备标准上增加。

4. 对分包单位资质和人员资格管理制度的制定与执行

通过分包来完成施工任务是施工企业经营活动的主要方式。为了防止分包单位超越资质范围，同时确保分包单位在施工过程中能服从总承包管理，处于受控状态，施工企业应制定对分包单位资质和人员资格的管理制度，分包合同条款约定和履行过程控制的管理要求、职责权限和工作程序作业具体规定，形成管理制度文件并组织实施。对分包单位的资质进行评价，建立合格分包单位的名录，明确相应的分包工程范围，从中选择信誉、能力等符合要求，合适的分包单位。

1）分包单位评价内容包括：

（1）安全生产许可证；

（2）合法的资质、法律法规要求提供的经营许可证明文件；

（3）与本企业或其他企业合作的市场信誉和业绩；

（4）技术、质量、生产和有关安全生产情况的证明，如：安全资质证明，安全表扬、奖励证明；

（5）承担特定分包工程的能力；

（6）企业主要负责人、项目负责人、专职安全生产管理人员经安全考核并取得合格证书，具备相应的安全生产知识和安全管理能力。

2）应通过分包合同和安全生产管理协议明确双方的安全责任、权利和管理要求，具体条款包括：

（1）分包单位的安全职责权限和安全指标；

（2）分包单位安全生产管理体系和管理制度的要求；

（3）分包单位施工方案的审核批准要求；

（4）分包单位从业人员的资格要求。

应在分包合同签订前按规定程序进行审核审批。

3）对分包单位施工活动应实施控制，并形成记录。控制内容与方法包括：

（1）审核批准分包单位的施工组织设计、专项施工组织设计（方案）；

（2）提供或验证必要的安全物资、工具、设施、设备；

（3）确认从业人员的资格和专兼职安全生产管理人员的配备，对分包单位管理人员进行安全教育和安全交底，并督促检查分包单位对班组从业人员的安全教育和安全交底；

（4）对分包单位的施工过程进行指导、督促、检查和业绩评价、处理发现的问题，并与分包单位及时沟通。

三、企业市场行为具体评分建议

企业市场行为考核评价具体评分建议详见表4-5。

企业市场行为考核评价具体评分建议表   表 4-5

序号	评定项目	评分标准	否决项	具体扣分建议
1	安全生产许可证(20分)	·企业未取得安全生产许可证而承接施工任务的，扣20分； ·企业在安全生产许可证暂扣期间继续承接施工任务的，扣20分； ·企业资质与承发包生产经营行为不相符的，扣20分； ·企业主要负责人、项目负责人、专职安全管理人员持有的安全生产合格证书不符合规定要求的，每起扣10分	未取得安全生产许可证而承接施工任务的、在安全生产许可证暂扣期间承接工程的、企业承发包工程项目的规模和施工范围与本企业资质不相符的，则该评定项目不应得分	·企业未取得安全生产许可证而承接施工任务的，扣20分。 ·企业在安全生产许可证暂扣期间继续承接施工任务的，扣20分。 ·未取得建筑业企业资质证书从事建筑施工活动的，扣20分； 企业超越相应资质许可的范围承包工程的，扣20分； 企业涂改、转让、出借资质证书或借用资质证书承包工程的，扣20分； 企业将承包的工程转包或违法分包的，扣20分； 总承包企业发包给分包单位的工程超越分包单位资质范围的，扣20分。 ·企业主要负责人、项目负责人、专职安全生产管理人员未经安全考核合格，或持有过期、虚假安全生产合格证书的，每起扣10分； 另外，发现三类人员为未与本企业签订劳动聘用合同，不具有劳动、人事、工资关系的，或持证人员与实际岗位不相符的，如：企业内部管理人员兼职现场管理人员的，无施工经验的，不具备施工现场相应安全生产知识和管理能力的人员作为现场专职项目经理或专职安全员，每起扣10分

序号	评定项目	评分标准	否决项	具体扣分建议
2	安全生产文明施工（30分）	·企业资质受到降级处罚的，扣30分； ·企业受到暂扣安全生产许可证的处罚的，每起扣5~30分； ·企业受当地建设行政主管部门通报处分的，每起扣5分； ·企业受当地建设行政主管部门经济处罚的，每起扣5~10分； ·企业受到省级及以上通报批评的，每次扣10分；受到地市级通报批评，每次扣5分	企业资质因安全生产、文明施工受到降级处罚的，则该评定项目不应得分	·企业资质在本评价周期内受到降级处罚的，扣30分。 ·施工企业降低施工现场安全生产条件或存在严重事故隐患，工程项目发生生产安全事故受到暂扣安全生产许可证的处罚： （1）因被责令停止施工暂扣的，每起扣5分； （2）因经责令停止施工，整改仍达不到要求或拒不停工整改被暂扣的，每起扣10分； （3）因发生一般事故，被暂扣的，每起扣10分； （4）因发生较大事故，被暂扣的，每起扣20分； （5）因发生重大事故，被暂扣的，每起扣30分。 ·施工企业受当地建设行政主管部门通报处分，每起扣5分。 ·企业受当地建设行政主管部门经济处罚的，每起扣5分，同一工地2次或2次以上受到经济处罚的，每起扣10分。 ·企业受到省级及以上通报批评的，每次扣10分；受到地市级通报批评，每次扣5分
3	安全质量标准化达标（20分）	·安全质量标准化达标优良率低于规定的，每5%扣10分； ·安全质量标准化年度达标合格率低于规定要求的，扣20分	本企业所属的施工现场安全质量标准化年度达标合格率低于国家或地方规定的，则该评定项目不应得分	·根据规定的达标率，优良率低于规定的，每低5%扣10分。 ·合格率低于规定要求的，扣20分

序号	评定项目	评分标准	否决项	具体扣分建议
4	资质、机构与人员管理（30分）	·企业未建立安全生产管理组织体系（包括机构和人员等）、人员资格管理制度的，扣30分； ·企业未按规定设置专职安全管理机构的，扣30分，未按规定配足安全生产专管人员的，扣30分； ·实行总、分包的企业未制定对分包单位资质和人员资格管理制度的，扣30分，未按制度执行的，扣30分	1. 未建立安全生产管理组织体系、未制定人员资格管理制度的、未按规定设置专职安全管理机构、配备足够的安全生产专管人员的，则该评定项目不应得分； 2. 实行总、分包的，未制定对分包单位资质和人员资格管理制度并监督落实的，则该评定项目不应得分	·未建立安全生产组织体系、人员资格管理制度的，扣30分； 企业管理各职能部门中，安全职责未涉及生产、技术、机械动力设备、材料、劳务、经营、财务、审计、教育、劳资、卫生、后勤等职能部门和岗位，每少一个扣10分； 对安全生产相关人员的资格情况、证书有效情况无管理痕迹的，每少一类扣10分。 ·无安全生产管理机构或未独立设立的，扣20分； 安全专管人员人数或资格不足的，扣30分； 无企业委托任命书的，每少一人扣10分。 ·未制定对分包单位资质和人员资格的管理制度的，扣30分； 未对分包单位进行评价，或不能提供相关证实资料的，扣30分； 施工项目分包合同超出分包单位资质范围的，扣30分； 安全生产管理协议中未体现从业人员资格要求的，每起扣10分； 未见分包单位人员的审核管理资料的，每起扣10分

四、企业市场行为评分侧重点

（1）企业市场行为评分表中，施工总承包资质企业、专项承包资质企业涉及全部内容；劳务分包资质企业不涉及个别条文，如"项目经理"、"分包管理"，但劳务分包企业仍有对人的管理。

（2）企业市场行为评分重点把握企业对影响安全生产的市场行为范围的认识和管理意识，市场行为规范，包括自身行为的规范、对上级管理层不规范行为的抵制（如：分包对总包或施工企业对建设单位等）、对下一级不规范行为的管理和制止（如：总包对分包），市场行为规范是创造正常安全生产环境的前提条件，非常重要，因此扣分幅度也较大，应严格把握。

第五节　施工现场安全管理评分

一、施工现场安全管理评分评定项目

施工现场安全管理包括施工现场安全达标、安全文明资金保障、资质和资格管理、生产安全事故控制、设备、设施、工艺选用和保险等六个评定项目。

二、施工现场安全管理要求

1）工程项目部应建立健全安全生产责任体系，安全生产责任体系应符合下列要求：

（1）项目经理应为工程项目安全生产第一责任人，应负责分解落实安全生产责任，实施考核奖惩，实现项目安全管理目标。

（2）工程项目总承包单位、专业承包和劳务分包单位的项目经理、技术负责人和专职安全生产管理人员应组成安全管理组织，协调、管理现场安全生产；项目负责人应按规定到岗带班指挥生产。

（3）总承包单位、专业承包和劳务分包单位应按规定配备项目专职安全生产管理人员，负责施工现场各自管理范围内的安全生产日常管理。

（4）工程项目部其他管理人员应承担本岗位管理范围内的安全生产职责。

（5）分包单位应服从总包单位管理，落实总包项目部的安全生产要求。

（6）施工作业班组应在作业过程中执行安全生产要求。

（7）作业人员应严格遵守安全操作规程，并应做到不伤害自己、不伤害他人和不被他人伤害。

2）建筑施工企业的工程项目部应根据企业安全生产管理制度，实施施工现场安全生产管理，内容应包括：

（1）制订项目安全管理目标，建立安全生产责任体系，明确岗位安全生产管理职责，实施责任考核。

（2）配置满足安全生产、文明施工要求的费用、从业人员、设施、设备和劳动防护用品。

（3）编制专项安全技术措施、方案、应急预案。

（4）落实施工过程的安全生产措施，组织安全检查，整改安全隐患。

（5）组织实施施工现场场容场貌、作业环境和生活设施安全文明达标。

（6）办理意外伤害保险，组织事故应急救援抢险。

（7）对施工安全生产管理活动进行必要的记录，保存应有的资料。

3）项目专职安全生产管理人员应按规定到岗，并履行下列主要安全生产职责：

（1）对项目安全生产管理情况应实施巡查，阻止和处理违章指挥、违章作业和违反劳动纪律等现象，并应做好记录。

（2）对危险性较大的分部分项工程应依据方案实施监督并做好记录。

（3）应建立项目安全生产管理档案，并应定期向企业报告项目安全生产情况。

4）工程项目施工前，应组织编制施工组织设计、安全技术措施和专项施工方案，内容应包括工程概况、编制依据、施工计划、施工工艺、施工安全技术措施、检查验收内容及标准、计算书及附图等，并应按规定进行审批、论证、交底、验收、检查。

（一）施工现场安全达标的管理要求

建筑施工企业的工程项目部应接受建设行政主管部门及其他相关部门的监督检查与业务指导，对发现的问题按要求组织整改。

《建筑施工安全检查标准》JGJ 59 是衡量建筑工地安全生产和文明施工的行业标准，各级建设行政主管部门应以《建筑施工安全检查标准》为主要依据，结合各项新的规范标准的规定对施工工程项目现场进行安全检查、评分。项目部应依据《建筑施工安全检查标准》JGJ 59 与相关法规、标准要求开展安全检查活动。

1）安全检查类型

安全检查主要有以下几种类型：

（1）日检查。实际是巡查，由项目部专职安全管理人员或班组安全巡查员对施工现场作业人员违规、违章行为予以纠正或查处，对施工现场存在的安全隐患要求立即整改，及时消除人的不安全行为、物的不安全状态与环境的不安全因素。

（2）周检查。由项目部安全生产领导小组与监理共同组织的定期检查，结合本周的主要施工内容，对施工现场的生产安排、环境布局以及方案的审核审批、安全技术交底、验收情况等进行检查。

（3）月检查。宜由企业安全生产管理机构组织实施，对本月的安全生产情况作出评价，对下月的安全生产重点进行布置。检查危险性较大的分部分项工程安全专项方案的落实情况、专职安全生产管理人员的履职情况、作业人员安全防护用品的配备使用情况、对发现的安全生产违章违规行为或安全隐患作出处理的情况。

（4）其他。其他的检查类型尚有专项检查、节假日检查等，企业根据自身需求及时开展，以达到消除隐患、防止事故发生、改善劳动条件和作业环境的目的。

2）安全检查的隐患处理

（1）对安全检查中发现的隐患应及时进行分类登记。

（2）发出整改通知单并按"三定"原则限期完成整改，对实施情况进行复查，合格后消项。

（3）对凡存在即发性事故危险的隐患，检查人员应责令立即停工，被查项目与班组应立即进行整改，待危险消除并经复查确认后方可恢复施工。

（4）对于违章指挥，违章作业行为，检查人员应当场指出，立即进行纠正。

建筑施工企业的工程项目部应接受建设行政主管部门及其他相关部门的监督检查与业务指导，对发现的问题按要求组织整改。

（二）安全文明资金保障的管理要求

落实安全防护、文明施工措施费用。

（1）安全防护、文明施工措施费用是指按照国家现行的建筑施工安全、施工现场环境与卫生标准和有关规定，购置和更新施工安全防护用具及设施，改善安全生产条件和作业环境所需要的费用。对安全防护和文明施工有特殊措施要求的，可结合工程实际情况，依照批准的施工组织设计方案另行立项，一并计入安全防护、文明施工措施费用。危险性较大的工程，应按照建设部《建设工程安全生产管理条例》第二十六条所规定的分项内容，根据经专家论证审核通过的安全专项施工方案来确定安全防护、文明施工措施项目内容。

（2）安全防护、文明施工措施费分为：环境保护、文明施工、安全施工、临时设施等四大项三十五小项。施工单位对安全文明施工费用按计划予以落实，做到专款专用，按时支付，不能擅自更改，不得挪作他用；应建立分类使用台账。每月初列出安全防护、文明施工措施费的使用计划，报监理审批，月末根据实际使用情况进行统计上报并报监理审核。

（三）资质和资格的管理要求

1. 对分包单位安全生产许可证、资质、资格及施工现场的控制

通过分包来完成施工任务是施工企业经营活动的主要方式。为了防止资质低劣的分包单位进入施工现场，确保分包单位施工

过程处于受控状态，施工企业应对分包单位资质、安全生产许可证、人员资格进行评价和选择，对分包合同条款约定和履约过程控制的管理要求、职责权限和工作程序应作出具体规定，形成文件并组织实施，同时做好相关记录。

2. 项目参建各方的安全责任

实行施工总承包的建设工程，由总承包单位对施工现场的安全生产负总责。同时应通过分包合同或安全生产管理协议明确双方的安全责任、权利和管理要求，主要包括：

1）总包单位的安全职责：

（1）总承包应当自行完成建设工程主体结构的施工；

（2）总承包依法将建设工程分包给其他单位的，分包合同中应当明确各自的安全生产方面的权利、义务；

（3）建设工程实行施工总承包的，总承包单位和分包单位对分包工程的安全生产承担连带责任；如发生事故，由总承包单位负责上报。

2）分包单位的安全职责：

（1）服从总包管理；

（2）对班组和从业人员进行管理；

（3）依法依规完成合同范围内的安全生产内容。

3. 对分包单位资质、人员资格的管理

1）应对分包单位的资质进行鉴别，建立合格分包单位的名录，明确相应的分包工程范围，从中选择合适的分包单位。评价内容包括：

（1）合法的安全生产许可证、资质、法律法规要求提供的经营许可证明文件；

（2）与本企业或其他企业合作的市场信誉和业绩；

（3）技术、质量、生产和有关安全生产情况的证明，如：资质证书、安全生产许可证；

（4）承担特定分包工程的能力。

2）应对进场作业人员实施控制，建立施工作业人员档案：

（1）确认从业人员和专兼职安全生产管理人员的资格；

（2）确认进场分包单位从业人员和专兼职安全生产管理人员的资格。

4. 项目经理和专、兼职安全生产管理人员的配备

（1）项目经理是受企业委托，代表企业负责工程项目管理的一种岗位职务，是企业法人代表在项目上的全权委托代理人。在企业内部，项目经理是项目实施全过程全部工作的总负责人。项目经理必须按规定取得"建造师资格证"，并注册在所工作的企业。实行总分包的工程，分包方须按规定配备包括项目经理在内的管理班子，并在总包的领导下开展工作。

（2）施工企业安全生产管理机构专职安全生产管理人员的配备应满足《建筑施工企业安全生产管理机构设置及专职安全生产管理人员配备办法》（建质〔2008〕91号）的规定要求，并应根据企业的经营规模、设备管理和生产需要予以增加。

（四）生产安全事故控制的管理要求

1. 多发和重大隐患排查和处理措施

1）隐患是建筑施工安全生产各种矛盾的集中表现，是指可能导致安全事故的缺陷和问题。包括安全设施、过程和行为等诸方面的缺陷。隐患治理是指通过采取必要的措施及时处理和化解隐患，以确保不合格设施不使用，不合格过程不通过，不安全行为不放过，防止安全事故的发生。狠抓安全隐患，排查治理，就是抓威胁企业安全生产的重要和要害问题。隐患排查治理了，就解决了安全生产的危险源。

2）根据建质〔2008〕第47号文的规定，建筑工地须全面排查治理各类隐患，狠抓隐患整改工作，推动安全生产责任制和责任追究制的落实，建立健全隐患排查治理长效机制，提高建筑安全管理水平，有效防范和遏制建筑安全生产事故，为促进建筑安全生产形势持续稳定好转奠定坚实基础。隐患排查要按照"排查要认真、整治要坚决、成果要巩固、杜绝新隐患"的要求，做到五个落实："组织落实、措施落实、资金落实、时间落实、责任

落实"。

具体方法是对日常隐患情况在落实整改的基础上，应分类做好记录，然后定期进行统计汇总，排摸出突出的、多发的隐患，进行产生原因的专题分析，并进行治理，以解决影响建筑安全生产的突出矛盾和问题；同时，与加强建筑企业安全管理和技术进步结合起来，提高建筑施工安全质量标准化管理水平，加大安全投入，推进安全技术改进，夯实安全管理基础。

3）隐患排查具体内容：

（1）管理方面：

①建筑施工安全法规、标准规范和规章制度的贯彻执行；

②安全生产责任制的建立和落实；

③安全生产费用的提取和使用；

④危险性较大工程安全方案的制订、论证和落实；

⑤安全教育培训，特别是"三类人员"、特种作业人员持证上岗和生产一线职工（包括农民工）的教育培训；

⑥应急救援预案的制订、演练及有关物资、设备的配备和维护；

⑦建筑施工企业、项目和班组的安全检查和整改落实；

⑧事故报告和处理，对有关责任单位和责任人的追究和处理等。

（2）实物状况：

设施类、设备类等，可根据情况进一步细化分类。

以上海为例，其将隐患分为六类：①管理；②机械设备；③用电；④安全设施；⑤个人防护用品；⑥其他。

2. 应急救援预案的制订

（1）对可能出现高处坠落、物体打击、坍塌、触电、中毒以及其他群体伤害事故的重大危险源，应制订应急预案。

（2）预案必须包括：有针对性的应急安全技术措施、监控措施、检测方法，应急专家、人员的组织，应急材料、器具和设备的配备等。

（3）预案应有较强的针对性和实用性，力求细致全面，操作简单易行。

3. 应急演练

1）应急演练是检验、评价和保持应急能力的一个重要手段。其重要作用突出地体现在：

（1）可在事故真正发生前暴露预案和程序的缺陷；

（2）发现应急资源的不足（包括人力和设备等）；

（3）改善各应急部门、人员之间的协调；

（4）增强员工应对突发重大事故救援的信心和应急意识；

（5）提高应急人员的熟练程度和技术水平；

（6）进一步明确各自的岗位与职责；提高整体的应急反应能力。

2）项目经理部应针对存在的重大危险源，根据编制的应急救援预案定期组织演练。

4. 应急救援组织或落实救援人员和救援物资

应急资源的准备是应急救援工作的重要保障，应根据潜在事故性质和后果分析，合理组建救援队伍（包括专家队伍、指挥队伍、实施队伍）；配备应急救援中所需的消防手段、个体防护设备、医疗设备和药品。

（五）设备、设施、工艺选用的管理要求

1. 设备或工艺的选用

在努力实践科学发展观引领建筑事业发展工作中，更加注重资源环境、社会发展的重大科技问题，推广应用新技术、新工艺、新设备。同时企业应及时传达，并有效落实住房和城乡建设部及各地方政府发布的建设事业推广应用和限制使用技术的公告的相关要求，从方案到现场实施，均要控制，严禁企业内部各个场所使用国家明令淘汰的设备或工艺。

2. 设施的选用

安全防护设施是保证施工安全的重要措施和手段，根据《建设工程安全生产管理条例》第 65 条的规定：安全防护用具、机械设备、施工机具及配件在进入施工现场前未经查验或者查验不合格即投入使用的，责令限期整改，逾期未整改的，责令停业整顿……

3. 机械、设备、设施、工艺的使用年限

（1）根据《建设工程安全生产管理条例》第 34 条的规定：施工现场的安全防护用具、机械设备、施工机具及配件必须由专人管理，定期检查、维修和保养，建立相应的资料档案，并按照国家有关规定及时报废。

（2）现场对于周转使用的机械、设备、设施应建立档案，及时清理、改进、淘汰或报废。

4. 钢管、扣件的选用

脚手钢管、扣件是目前建筑施工中必不可少的搭设安全设施的主要材料。如搭设脚手架、架设模板工程等。

常用的脚手钢管一般为 $\phi 48 \times 3.5$mm，脚手架钢管立杆承载力一般为 15～20kN（设计值）。扣件采用 ZG230-450 铸钢，有回转、直角、对接三种扣件，其紧固力矩为 40～65 N·m，扣件的抗滑力，对接为 3.2kN/个，回转、直角为 8kN/个、12kN/2 个。

多年来，由于种种原因，大量不合格的安全防护用具及建筑构配件流入施工现场。因安全防护用具及构配件不合格而造成的伤亡事故占有很大比例。因此，施工企业必须从进货的关口把住产品质量关，保证进入施工现场的产品必须是安全有效的合格产品，故每批钢管、扣件进场均必须抽样检测，未按规定检测或检测不合格的不得使用。

5. 安全警示、警告标志的使用管理

（1）正确使用安全警示、警告标志是施工现场安全管理的重要内容。根据《建设工程安全生产管理条例》第 28 条的规定：施工单位应当在施工现场入口处、施工起重机械、临时用电设施、脚手架、出入通道口、楼梯口、电梯井口、孔洞口、桥梁口、隧道口、基坑边沿、爆破物及有害危险气体和液体存放处等危险部位，设置明显的安全警示标志。

安全警示标志包括安全色和安全标志，进入工地的人员通过安全色和安全标志能提高对安全保护的警觉，以防发生事故。

（2）施工企业应当建立施工现场正确使用安全警示标志和安全色的相应规定，对使用部位、内容作具体要求，明确相应管理的要求、职责和权限，确定监督检查的方法，形成文件并组织实施。

6. 职业病的防治

1）职业病，是指劳动者在职业活动中，因接触粉尘、放射性物质和其他有毒、有害物质等因素而引起的疾病。职业病防治工作关系到广大劳动者的身体健康和生命安全，关系到经济社会可持续发展，是落实科学发展观和构建和谐社会的必然要求，是维护广大劳动者根本利益的必然要求。

2）引起职业病的主要原因是一些企业不重视，无相应的职业防护措施，以及职业病防治经费投入严重不足等。

3）职业健康监护对从业主人员来说是一项预防性措施，是法律赋予从业人员的权利，是用人单位必须对从业人员承担的义务，其主要内容包括：职业健康检查；建立职业健康监控档案。

4）职业危害的预防措施有：

（1）培训教育措施；

（2）卫生技术措施；

（3）个体防护措施；

（4）卫生保健措施；

（5）加强对职业危害的监督检查。

（六）保险的管理要求

1. 意外伤害险的办理

（1）意外伤害保险目前属强制性保险，企业须依法为符合行业标准的从事危险作业的现场施工人员办理意外伤害保险，支付保险费。

（2）实行工程总承包的意外伤害保险费，应由总承包单位支付。企业应根据工程承包性质，作相应规定。

2. 意外伤害险办理率

意外伤害险应做到应保尽保，不得漏保，更不得逃避。

三、施工现场安全管理具体评分建议

施工现场安全管理考核评价具体评分建议详见表4-6。

施工现场安全管理考核评价具体评分建议表 表4-6

序号	评定项目	评分标准	否决项	具体扣分建议
1	施工现场安全达标（30分）	·按《建筑施工安全检查标准》检查，不合格的，每一个工地扣30分	有一个工地未达到合格标准、则该评定项目不应得分	·按《建筑施工安全检查标准》检查，不合格的，每一个工地扣30分
2	安全文明资金保障（15分）	·未按规定落实安全防护、文明施工措施费的，发现一个工地扣15分	有一个施工现场未将施工现场安全生产、文明施工所需资金编制计划并实施、未做到专款专用的，则该评定项目不应得分	·未按规定落实安全防护、文明施工措施费的扣15分，如，存在以下一些情况的： 因未落实资金，现场安全防护有缺漏； 因未落实资金，现场文明施工状况差，有重大环境影响； 未发现安全防护、文明施工措施费的管理痕迹（对核验的工地）

序号	评定项目	评分标准	否决项	具体扣分建议
3	资质和资格管理（15分）	• 未制定对分包单位安全生产许可证、资质、资格管理及施工现场控制的要求和规定的，扣15分；管理记录不全的，扣5~15分； • 合同未明确参建各方安全责任的，扣15分； • 分包单位承接的项目不符合相应的安全资质管理要求，或作业人员不符合相应的安全资格管理要求的，扣15分； • 未按规定配备项目经理、专、兼职安全生产管理人员（包括分包单位）的，扣15分	未制定对分包单位安全生产许可证、资质、资格管理及施工现场控制的要求和规定且在总、分包合同中未明确参建各方的安全生产责任、分包单位承接的施工任务不符合其所具有的安全资质、作业人员不符合相应的安全资格、未按规定配备项目经理、专（兼）职安全生产管理人员的，则该评定项目不应得分	• 未制定对分包单位资质、资格、安全生产许可证及施工现场控制的要求和规定，扣15分； 对分包单位资质、资格、安全生产许可证及施工现场控制的管理记录不全面、不具体，发现一项扣5分； • 合同未明确总承包与分包单位安全责任，缺一家扣5分。 • 分包单位承接的项目不符合相应的安全资质管理要求，或从业人员资格不符合相关管理要求，有一起即扣15分。 • 人员资格不够，或过期，或与本企业无劳动合同关系，或事实上未在现场承担相应的工作，或配备数量不足，或项目专职安全管理人员未实施企业委派制等，扣15分
4	生产安全事故控制（15分）	• 对多发或重大隐患未排摸或未采取有效措施的，扣3~15分； • 未制订事故应急救援预案的，扣15分，事故应急救援预案无针对性的，扣5~10分； • 未按规定实施演练的，扣5分； • 未按预案建立应急救援组织或落实救援人员和救援物资的，扣5~15分	未针对施工现场实际情况制订事故应急救援预案的，则该评定项目不应得分	• 未按规定开展隐患排查的，扣15分； 未按规定对隐患排查统计上报的，扣5分； 对多发和重大隐患采取治理措施无针对性或效果不大，每一起扣3分，未采取措施的扣10分。 • 未制订事故应急救援预案的，扣15分； 事故应急救援预案无针对性的，每一个方案扣5分。 • 未按规定实施演练的，扣5分。 • 未建立应急救援组织或落实救援人员和救援物资的，扣15分； 救援物资不齐全的，每一起扣5分； 救援人员不齐全的，每一类人扣5分

序号	评定项目	评分标准	否决项	具体扣分建议
5	设备、设施、工艺选用（15分）	• 现场使用国家明令淘汰的设备或工艺的，扣15分； • 现场使用不符合标准的、且存在严重安全隐患的设施的，扣15分； • 现场使用的机械、设备、设施、工艺超过使用年限或存在严重隐患的，扣15分； • 现场使用不合格的钢管、扣件的，每起扣1～2分； • 现场安全警示、警告标志使用不符合标准的，扣5～10分； • 现场职业危害防治措施没有针对性的，扣1～5分	1. 使用国家明令淘汰的设备或工艺，则该评定项目不应得分； 2. 使用不符合国家的或行业标准的且存在严重安全隐患的设施，则该评定项目不应得分； 3. 使用超过限用年限或存在严重隐患的机械、设备、设施、工艺的，则该评定项目不应得分	• 发现有使用国家明令淘汰的设备或工艺的，有一处即扣15分； • 现场使用不符合标准的且存在严重安全隐患的设施的，扣15分。 • 现场使用的机械、设备、设施、工艺超过使用年限或存在严重隐患的，扣15分。 • 现场使用不合格的钢管、扣件的，每起扣1～2分； • 施工现场使用的钢管、扣件未按规定进行检测（见证取样）的，每起扣1分。 • 现场安全警示、警告标志使用不符合标准的，每有一处无相应的安全警示标志的，扣5分；每发现一处针对性不符的，扣5分。 • 现场无职业危害防治措施或没有针对性的，每发现一类扣1分
6	保险（10分）	• 未按规定办理意外伤害保险的，扣10分； • 意外伤害保险办理率不足100%的，每低2%扣1分	未按规定办理意外伤害保险的，则该评定项目不应得分	• 未办理意外伤害保险的，扣10分。 • 按从事危险作业的现场施工人员的人数计，保险办理率小于100%的，每少2%扣1分

四、施工现场安全管理评分侧重点

（1）施工现场安全管理评分表中，施工总承包资质企业、专项承包资质企业涉及全部内容；

（2）施工现场安全管理评分表评分重点把握企业对施工现场的管控、预控能力，对相关管理要求、方案的执行能力、指挥能力等，把握现场管理的实效。

第六节 施工企业安全生产汇总评分

附录 B 施工企业安全生产评价汇总表

评价类型：□市场准入 □发生事故 □不良业绩 □资质评价

□日常管理 □年终评价 □其他

企业名称：＿＿＿＿＿＿＿＿＿ 经济类型：＿＿＿＿＿＿＿

资质等级：＿＿＿ 上年度施工产值：＿＿＿＿ 在册人数：＿＿＿

评 价 内 容		评 价 结 果				
		零分项 （个）	应得 分数 （分）	实得 分数 （分）	权重 系数	加权 分数
无施工项目	表 A-1　安全生产管理				0.3	
	表 A-2　安全技术管理				0.2	
	表 A-3　设备和设施管理				0.2	
	表 A-4　企业市场行为				0.3	
	汇总分数①＝表 A-1～表 A-4 加权值				0.6	
有施工项目	表 A-5　施工现场安全管理				0.4	
	汇总分数②＝汇总分数① ×0.6＋表 A-5×0.4					
评价意见：						
评价负责人 （签名）		评价人员 （签名）				
企业负责人 （签名）		企业签章				

年　月　日

在依据评分表 A-1～表 A-5 完成 5 个考核项目(分项)评分后,对各考核项目(分项)实得分数,分两步分类应用加权平均法进行综合计算,以获得施工企业安全生产评价汇总分数。

一、第一步计算汇总分数①

汇总分数①＝表 A-1 实得分数×0.3＋表 A-2 实得分数×0.2＋表 A-3 实得分数×0.2＋表 A-4 实得分数×0.3

无施工项目时,取汇总分数①作为评价的最终汇总分数。

二、第二步计算汇总分数②

汇总分数②＝汇总分数①×0.6＋表 A-5 实得分数×0.4

有施工项目时,取汇总分②作为评价的最终汇总分数。

这时表 A-5 实得分为所有抽查及核验的施工现场评价结果的算术平均分。

第五章　施工企业安全生产评价文书

一、评价文书类型

整个评价过程，应形成相应的评价文书，主要包括评价申请书、评价计划、评价报告。

二、评价申请书

1. 评价申请书作为企业评价的需求报告，由评价小组向企业领导提出。评价申请书应明确本次评价的类型，评价的时间安排，评价需要相关职能部门配合的工作要求，通过本次评价能达到的目标等。

2. 当进行外部评价时，评价申请书还应包括评价委托合同，由被评价方和评价方共同签订，明确评价方和被评价方的责任和义务。示范文本如下：

合同登记编号：□□□□□□□□□□□□□□□□

施工企业安全生产评价委托合同

委托方（甲方）＿＿＿＿＿＿＿＿＿＿＿＿＿＿＿＿＿

受托方（乙方）＿＿＿＿＿＿＿＿＿＿＿＿＿＿＿＿＿

签 订 地 点：＿＿＿＿＿＿（市）＿＿＿＿＿＿区（县）

施工企业安全生产评价委托合同

甲方因需要□市场准入 □发生事故 □不良业绩 □资质评价 □日常管理 □年终评价 □其他原因，委托乙方进行施工企业□初次评价 □复核评价 □跟踪评价，并支付评价报酬。双方经过平等协商，在真实、充分地表达各自意愿的基础上，根据《中华人民共和国合同法》的规定，签订本委托合同，并由双方共同恪守。

第一条 甲方责任：

（一）在评价前，甲方应完成以《施工企业安全生产评价标准》JGJ/T 77、《建筑施工安全检查标准》JGJ 59 为主要依据的自我评价工作，并向乙方机构提供自我评价报告。

（二）甲方在 年 月 日前应提供下列资料，并对资料的真实、有效性负责，不得隐瞒有关情况或提供虚假材料。

1. 企业资质证书副本复印件，三类人员安全考核证书，以及其他管理人员岗位证书复印件。

2. 企业组织机构图和安全管理组织体系：

（1）企业成立独立安全管理机构的文件。

（2）独立安全管理机构公章的样张。

3. 请按下表的格式提供贵公司在建工程（已报监）项目情况登记表：

序号	项目名称	负责人	安全员	地 址	开工日期	竣工日期

4. 企业主要施工内容和主要危险源＿＿＿＿＿＿＿＿＿

＿＿＿＿＿＿＿＿＿＿＿＿＿＿＿＿＿＿＿＿＿＿＿＿＿

5. 企业施工机械设备（包括租赁设备）＿＿＿＿＿＿＿

6. 资质或施工内容涉及的工种 _____

7. 资质或施工内容涉及的特种作业人员名单和操作资格证书复印件。

8. 提供自签约之月起前 12 个月以来的公司安全管理资料，并准备公司项目总数的 50％的施工现场自开工日起至评价时的安全管理资料供评价时检验。

9. 发生事故的单位必须提供事故报告和"四不放过"的证明资料。

（三）抽查施工现场时，甲方应派专员引导、陪同评价人员。

（四）未经乙方同意，甲方不得将乙方所提供的评价管理资料外传。

（五）为乙方在评价过程中提供相关配合，如：资料查阅、询问、工作场所等。

第二条 乙方责任：

（一）乙方应按照建设行政部门的有关规定组建评价组，对甲方的公司本部以及施工现场进行评价。

（二）按照《施工企业安全生产评价标准》JGJ/T 77—2010 的要求进行评价，出具安全生产评价报告，并对报告的真实性负责。

（三）维护甲方的合法权益，对于评价中接触到的甲方的企业管理、经营策略、施工方法等任何非公开文件资料，乙方承担保密义务，未经甲方书面同意，不得向任何第三方泄露。

（四）乙方拒收任何形式的馈赠。

第三条 双方共同确认的内容：

（一）评价安排：

序号	内 容	时 间	出席对象	地 址
1	安全生产评分表：表 1～表 4		企业主要负责人、职能岗位全体管理人员	公司本部
2	安全生产评分表：表 5		公司安全管理人员、项目经理、有关管理人员、现场安全员	在建施工现场

（二）如本次评价结论为"不合格"，或虽通过评价，但因甲方原因超过六个月时效需要重新评价的，有关事宜另行商定。

（三）甲方在评价时无在建工程项目，应在企业有在建项目时及时通知乙方，确定跟踪评价时间，共同完成评价的全部内容。

第四条　甲方向乙方支付评价报酬及其支付方式：

（一）甲乙双方确定本次施工企业安全生产评价的报酬总额为人民币_____元（大写）。

（二）本委托合同签订后即由甲方全数支付给乙方。

（三）乙方开户银行名称和账号为：

开户银行：_____　账号：_____

第五条　违约责任：

（一）双方确定，出现下列情形，致使本委托合同的履行成为不必要或不可能时，可以解除本委托合同：

1. 发生不可抗力；

2. 其他_____

（二）双方因履行本委托合同而发生争议的，应协商、调解解决。协商、调解不成的，确定按以下第____种方式处理：

1. 提交_____仲裁委员会仲裁；

2. 依法向人民法院起诉，约定_____人民法院管辖。

①被告住所地　②合同履约地　③合同签订地　④原告所在地　⑤标的物所在地

第六条　双方约定本委托合同其他相关事项为：_____

第七条　本委托合同一式二份，双方各持一份，具有同等法律效力。

第八条　本委托合同经双方签字盖章后生效，并接受国家有关合同法的监督保护。

甲　方（盖章）：　　　　　　乙　方（盖章）：

代表人（盖章）：　　　　　　代表人（盖章）：

年　月　日　　　　　　　　　年　月　日

三、评价计划

1. 评价计划为评价前形成的，根据评价对象，有针对性地指导评价小组具体评价工作的文书。

2. 评价计划包括：评价小组成员组成，评价日期，评价议程安排，本次评价企业的概况，评价的类型，评价须把握的侧重点，评价出具的报告要求等。

四、评价报告

《评价报告》为评价后，由评价小组形成的，应提交给被评价企业的书面报告。评价报告应客观反映本次评价的过程，评价结论的来源，企业目前安全生产条件和能力的总体状况，存在的主要问题和整改建议等，为企业的完善和发展提供依据。

示范文本如下：

_____施工企业

施工企业安全生产评价报告

评价日期：

评价组织单位（部门）

一、项目名称：施工企业安全生产评价 编号：

二、评价日期：

三、评价目的：

通过对施工企业的安全生产条件进行安全生产评价，使建筑施工企业在评价过程中客观、全面、真实了解自身存在的不足或缺失；促使其按照标准要求，建立健全安全生产管理体系，从而具备安全生产条件和能力。

四、委托单位概况：

单位名称		邮　编		
地　　址		电话/传真		
法定代表人		联系电话		
联系人		联系电话		
经济类型				
评价依据	《施工企业安全生产评价标准》（JGJ/T 77—2010）	资质等级		
	相关法律法规及规范文件			
评价类型	□市场准入　□发生事故　□不良业绩　□资质评价　□日常管理 □年终评价　□＿＿＿＿＿＿＿			
评价范围	公司本部＿＿＿＿＿＿＿＿＿＿＿＿＿＿＿＿＿＿＿＿＿＿＿＿＿ 企业在建工程＿＿＿项，现场抽查＿＿＿项，核验＿＿＿项			
评价人员				
评价组长（签名）　　　　　　　　评价单位（签章）：　　　　　　　　　　　　　　　　　　　　　　　　日期				

施工企业安全生产评价汇总表

评价类型：□市场准入 □发生事故 □不良业绩 □资质评价

　　　　　□日常管理 □年终评价 □_____

企业名称：_____ 　　　经济类型：_____

资质等级：_____ 上年度施工产值：_____ 在册人数：_____

评 价 内 容		评 价 结 果			
		零分项 （个）	应得分数 （分）	实得分数 （分）	换算后 加权分数
无施工项目	表1 安全生产管理				×0.3＝
	表2 安全技术管理				×0.2＝
	表3 设备和设施管理				×0.2＝
	表4 企业市场行为				×0.3＝
	汇总分数①＝表1～表4加权值				
有施工项目	表5 施工现场安全管理				×0.4＝
	汇总分数②＝汇总分数①× 0.6＋表5×0.4				
评价意见：					
评价组长 （签名）		评价人员 （签名）			

98

五、评分表

安全生产管理评分表　　　　　　表 1

序号	评定项目	评分标准	扣分事实描述	应得分	扣减分	实得分
1	安全生产责任制度	·企业未建立安全生产责任制度，扣 20 分，各部门、各级（岗位）安全生产责任制度不健全，扣 10～15 分； ·企业未建立安全生产责任制考核制度，扣 10 分，各部门、各级对各自安全生产责任制未执行，每起扣 2 分； ·企业未按考核制度组织检查并考核的，扣 10 分，考核不全面扣 5～10 分； ·企业未建立、完善安全生产管理目标，扣 10 分，未对管理目标实施考核的，扣 5～10 分； ·企业未建立安全生产考核、奖惩制度扣 10 分，未实施考核和奖惩的，扣 5～10 分		20		
2	安全文明资金保障制度	·企业未建立安全生产、文明施工资金保障制度扣 20 分； ·制度无针对性和具体措施的，扣 10～15 分； ·未按规定对安全生产、文明施工措施费的落实情况进行考核，扣 10～15 分		20		
3	安全教育培训制度	·企业未按规定建立安全培训教育制度，扣 15 分； ·制度未明确企业主要负责人，项目经理，安全专职人员及其他管理人员，特种作业人员，待岗、转岗、换岗职工，新进单位从业人员安全培训教育要求的，扣 5～10 分； ·企业未编制年度安全培训教育计划，扣 5～10 分，企业未按年度计划实施的，扣 5～10 分		15		

序号	评定项目	评分标准	扣分事实描述	应得分	扣减分	实得分
4	安全检查及隐患排查制度	·企业未建立安全检查及隐患排查制度，扣15分，制度不全面、不完善的，扣5～10分； ·未按规定组织检查的，扣15分，检查不全面、不及时的，扣5～10分； ·对检查出的隐患未采取定人、定时、定措施进行整改的，每起扣3分，无整改复查记录的，每起扣3分； ·对多发或重大隐患未排查或未采取有效治理措施的，扣3～15分		15		
5	生产安全事故报告处理制度	·企业未建立生产安全事故报告处理制度，扣15分； ·未按规定及时上报事故的，每起扣15分； ·未建立事故档案扣5分； ·未按规定实施对事故的处理及落实"四不放过"原则的，扣10～15分		15		
6	安全生产应急救援制度	·未制定事故应急救援预案制度的，扣15分，事故应急救援预案无针对性的，扣5～10分； ·未按规定制定演练制度并实施的，扣5分； ·未按预案建立应急救援组织或落实救援人员和救援物资的，扣5分		15		
分项评分				100		

本考核项目评分依据、结果及说明：

评分员： 年 月 日

序号	评定项目	评分标准	扣分事实描述	应得分	扣减分	实得分
1	法规、标准和操作规程配置	·企业未配备与生产经营内容相适应的现行有关安全生产方面的法律、法规、标准、规范和规程的，扣 10 分，配备不齐全，扣 3～10 分； ·企业未配备各工种安全技术操作规程，扣 10 分，配备不齐的，缺一个工种扣 1 分； ·企业未组织学习和贯彻实施安全生产方面的法律、法规、标准、规范和规程，扣 3～5 分		10		
2	施工组织设计	·企业无施工组织设计编制、审核、批准制度的，扣 15 分； ·施工组织设计中未明确安全技术措施的扣 10 分； ·未按程序进行审核、批准的，每起扣 3 分		15		
3	专项施工方案（措施）	·未建立对危险性较大的分部、分项工程编写、审核、批准专项施工方案制度的，扣 25 分； ·未实施或按程序审核、批准的，每起扣 3 分； ·未按规定明确本单位需进行专家论证的危险性较大的分部、分项工程名录（清单）的，每起扣 3 分		25		

序号	评定项目	评分标准	扣分事实描述	应得分	扣减分	实得分
4	安全技术交底	·企业未制定安全技术交底规定的，扣25分； ·未有效落实各级安全技术交底，扣5～10分； ·交底无书面记录，未履行签字手续，每起扣1～3分		25		
5	危险源控制	·企业未建立危险源监管制度，扣25分； ·制度不齐全、不完善的，扣5～10分； ·未根据生产经营特点明确危险源的，扣5～10分； ·未针对识别评价出的重大危险源制定管理方案或相应措施，扣5～10分； ·企业未建立危险源公示、告知制度的，扣8～10分		25		
分项评分				100		

本考核项目评分依据、结果及说明：

评分员：

设备和设施管理评分表　　　表3

序号	评定项目	评分标准	扣分事实描述	应得分	扣减分	实得分
1	设备安全管理	·未制定设备（包括应急救援器材）采购、租赁、安装（拆除）、验收、检测、使用、检查、保养、维修、改造和报废制度，扣30分； ·制度不齐全、不完善的，扣10～15分； ·设备的相关证书不齐全或未建立台账的，扣3～5分； ·未按规定建立技术档案或档案资料不齐全的，每起扣2分； ·未配备设备管理的专（兼）职人员，扣10分		30		
2	设施和防护用品	·未制定安全物资供应单位及施工人员个人安全防护用品管理制度的，扣30分； ·未按制度执行的，每起扣2分； ·未建立施工现场临时设施（包括临时建、构筑物、活动板房）的采购、租赁、搭设与拆除、验收、检查、使用的相关管理规定的，扣30分； ·未按管理规定实施或实施有缺陷的，每项扣2分		30		
3	安全标志	·未制定施工现场安全警示、警告标识、标志使用管理规定的，扣20分； ·未定期检查实施情况的，每项扣5分		20		
4	安全检查测试工具	·企业未制定施工场所安全检查、检验仪器、工具配备制度的，扣20分； ·企业未建立安全检查、检验仪器、工具配备清单的，扣5～15分		20		
分项评分				100		

本考核项目评分依据、结果及说明：

评分员：　　　　　　　　　　　　　　　　　　年　月　日

序号	评定项目	评分标准	扣分事实描述	应得分	扣减分	实得分
1	安全生产许可证	• 企业未取得安全生产许可证而承接施工任务的，扣20分； • 企业在安全生产许可证暂扣期间继续承接施工任务的，扣20分； • 企业资质与承发包生产经营行为不相符，扣20分； • 企业主要负责人、项目负责人、专职安全管理人员持有的安全生产合格证书不符合规定要求的，每起扣10分		20		
2	安全生产文明施工	• 企业资质受到降级处罚，扣30分； • 企业受到暂扣安全生产许可证的处罚，每起扣5～30分； • 企业受当地建设行政主管部门通报处分，每起扣5分； • 企业受当地建设行政主管部门经济处罚，每起扣5～10分； • 企业受到省级及以上通报批评每次扣10分，受到地市级通报批评每次扣5分		30		
3	安全质量标准化达标	• 安全质量标准化达标优良率低于规定的，每5%扣10分； • 安全质量标准化年度达标合格率低于规定要求的，扣20分		20		

序号	评定项目	评分标准	扣分事实描述	应得分	扣减分	实得分
4	资质、机构与人员管理	• 企业未建立安全生产管理组织体系（包括机构和人员等）、人员资格管理制度的，扣30分； • 企业未按规定设置专职安全管理机构的，扣30分，未按规定配足安全生产专管人员的，扣30分； • 实行总、分包的企业未制定对分包单位资质和人员资格管理制度的，扣30分，未按制度执行的，扣30分		30		
		分项评分		100		
	本考核项目评分依据、结果及说明：					

评分员：   年 月 日

□抽查□核验____工程施工现场安全管理评分表   表5

序号	评定项目	评分标准	扣分事实描述	应得分	扣减分	实得分
1	施工现场安全达标	• 按《建筑施工安全检查标准》JGJ 95及相关现行标准规范进行检查，不合格的，每1个工地扣30分		30		

序号	评定项目	评分标准	扣分事实描述	应得分	扣减分	实得分
2	安全文明资金保障	·未按规定落实安全防护、文明施工措施费，发现一个工地扣15分		15		
3	资质和资格管理	·未制定对分包单位安全生产许可证、资质、资格管理及施工现场控制的要求和规定，扣15分，管理记录不全扣5～15分； ·合同未明确参建各方安全责任，扣15分； ·分包单位承接的项目不符合相应的安全资质管理要求，或作业人员不符合相应的安全资格管理要求扣15分； ·未按规定配备项目经理、专职或兼职安全生产管理人员（包括分包单位），扣15分		15		
4	生产安全事故控制	·对多发或重大隐患未排查或未采取有效措施的，扣3～15分； ·未制定事故应急救援预案的，扣15分，事故应急救援预案无针对性的，扣5～10分； ·未按规定实施演练的，扣5分； ·未按预案建立应急救援组织或落实救援人员和救援物资的，扣5～15分		15		

序号	评定项目	评分标准	扣分事实描述	应得分	扣减分	实得分
5	设备、设施、工艺选用	·现场使用国家明令淘汰的设备或工艺的，扣15分； ·现场使用不符合标准的、且存在严重安全隐患的设施，扣15分； ·现场使用的机械、设备、设施、工艺超过使用年限或存在严重隐患的，扣15分； ·现场使用不合格的钢管、扣件的，每起扣1~2分； ·现场安全警示、警告标志使用不符合标准的扣5~10分； ·现场职业危害防治措施没有针对性扣1~5分		15		
6	保险	·未按规定办理意外伤害保险的，扣10分； ·意外伤害保险办理率不足100%，每低2%扣1分		10		
分项评分				100		

本考核项目评分依据、结果及说明

评分员：　　　　　　　　　　　　　　　　　　　　年　月　日

六、施工企业安全生产条件和能力的评价

（评价过程简述，企业安全生产条件和能力总体状况的客观描述，安全生产管理存在的主要问题，下一步建议，本次评价中发现的需要立即整改的内容及整改回复日期）

双方确认日期为：　　年　月　日

企业主要负责人

评价组长　　　　　　　　　组员

　　　　　　　　　　　　　　年 月 日

七、评价报告审批意见：

八、其他需要说明的事项：

九、附件

附1：施工企业安全生产自我评价汇总表□

附2：整改回复□

委托单位　　　　　　　　评价机构

　负责人签字：　　　　　　　负责人签字：

　　　　　　　　年 月 日　　　　年 月 日

附录一 《施工企业安全生产评价标准》JGJ/T 77－2010

中华人民共和国行业标准

施工企业安全生产评价标准

Standard for the work safety assessment of construction company

JGJ/T 77－2010

批准部门：中华人民共和国住房和城乡建设部
施行日期：2 0 1 0 年 1 1 月 1 日

中华人民共和国住房和城乡建设部
公　告

第 575 号

关于发布行业标准
《施工企业安全生产评价标准》的公告

现批准《施工企业安全生产评价标准》为行业标准，编号为 JGJ/T 77-2010，自 2010 年 11 月 1 日起实施。原行业标准《施工企业安全生产评价标准》JGJ/T 77-2003 同时废止。

本标准由我部标准定额研究所组织中国建筑工业出版社出版发行。

中华人民共和国住房和城乡建设部

2010 年 5 月 18 日

前　　言

根据原建设部《关于印发〈2006 年工程建设标准规范制订、修订计划（第一批）〉的通知》（建标〔2006〕77 号）的要求，标准编制组经广泛调查研究，认真总结实践经验，参考有关国际标准和国外先进标准，并在广泛征求意见的基础上，修订本标准。

本标准的主要技术内容是：1. 总则；2. 术语；3. 评价内容；4. 评价方法；5. 评价等级；以及相关附录。

本标准由住房和城乡建设部负责管理，由上海市建设工程安全质量监督总站负责具体技术内容的解释。执行过程中如有意见或建议，请寄送上海市建设工程安全质量监督总站（地址：上海市小木桥路 683 号；邮政编码：200032）。

本 标 准 主 编 单 位：上海市建设工程安全质量监督总站

本 标 准 参 编 单 位：上海市第七建筑有限公司

上海市建设安全协会

上海市施工现场安全生产保证体系第一审核认证中心

同济大学

山东省建管局

黑龙江省建设工程安全监督站

重庆市建设工程安监站

天津建工集团（控股）有限公司

北京建工集团

深圳市施工安监站

本标准主要起草人员：姜　敏　陶为农　陈晓峰　白俊英

赵敖齐　戚耀奇　徐福康　吴晓宇

	徐　伟	李　印	阎　琪	夏太凤
	戴贞洁	鲍煜晋	唐　伟	马遥之
本标准主要审查人员：	边尔伦	魏吉祥	吴　辉	刘巽全
	胡　军	胡海林	孙正坤	陈杰刚
	郭　超	岳光兵	穆树德	

目　次

Contents

1 总 则

1.0.1 为促进施工企业安全生产，确保其具备必要的安全生产条件和能力，制定本标准。

1.0.2 本标准适用于对施工企业进行安全生产条件和能力的评价。

1.0.3 施工企业安全生产评价，除应执行本标准的规定外，尚应符合国家现行有关标准的规定。

2 术 语

2.0.1 施工企业 construction company

从事土木工程、建筑工程、线路管道和设备安装工程、装修工程的企业。

2.0.2 安全生产 work safety

为预防生产过程中发生事故而采取的各种措施和活动。

2.0.3 安全生产条件 condition of work safety

满足安全生产所需要的各种因素及其组合。

2.0.4 核验 verify

根据建设行政主管部门、安全监督机构或其他相关机构日常的监督、检查记录等资料，对施工现场安全生产管理常态进行复核、追溯。

2.0.5 危险源 hazard

可能导致死亡、伤害、职业病、财产损失、工作环境破坏或这些情况组合的根源或状态。

3 评价内容

3.1 安全生产管理评价

3.1.1 施工企业安全生产条件应按安全生产管理、安全技术管理、设备和设施管理、企业市场行为和施工现场安全管理等5项内容进行考核，并应按本标准附录A中的内容具体实施考核评价。

3.1.2 每项考核内容应以评分表的形式和量化的方式，根据其评定项目的量化评分标准及其重要程度进行评定。

3.1.3 安全生产管理评价应为对企业安全管理制度建立和落实情况的考核，其内容应包括安全生产责任制度、安全文明资金保障制度、安全教育培训制度、安全检查及隐患排查制度、生产安全事故报告处理制度、安全生产应急救援制度等6个评定项目。

3.1.4 施工企业安全生产责任制度的考核评价应符合下列要求：

　　1 未建立以企业法人为核心分级负责的各部门及各类人员的安全生产责任制，则该评定项目不应得分；

　　2 未建立各部门、各级人员安全生产责任落实情况考核的制度及未对落实情况进行检查的，则该评定项目不应得分；

　　3 未实行安全生产的目标管理、制定年度安全生产目标计划、落实责任和责任人及未落实考核的，则该评定项目不应得分；

　　4 对责任制和目标管理等的内容和实施，应根据具体情况评定折减分数。

3.1.5 施工企业安全文明资金保障制度的考核评价应符合下列要求：

　　1 制度未建立且每年未对与本企业施工规模相适应的资金进行预算和决算，未专款专用，则该评定项目不应得分；

2 未明确安全生产、文明施工资金使用、监督及考核的责任部门或责任人，应根据具体情况评定折减分数。

3.1.6 施工企业安全教育培训制度的考核评价应符合下列要求：

1 未建立制度且每年未组织对企业主要负责人、项目经理、安全专职人员及其他管理人员的继续教育的，则该评定项目不应得分；

2 企业年度安全教育计划的编制，职工培训教育的档案管理，各类人员的安全教育，应根据具体情况评定折减分数。

3.1.7 施工企业安全检查及隐患排查制度的考核评价应符合下列要求：

1 未建立制度且未对所属的施工现场、后方场站、基地等组织定期和不定期安全检查的，则该评定项目不应得分；

2 隐患的整改、排查及治理，应根据具体情况评定折减分数。

3.1.8 施工企业生产安全事故报告处理制度的考核评价应符合下列要求：

1 未建立制度且未及时、如实上报施工生产中发生伤亡事故的，则该评定项目不应得分；

2 对已发生的和未遂事故，未按照"四不放过"原则进行处理的，则该评定项目不应得分；

3 未建立生产安全事故发生及处理情况事故档案的，则该评定项目不应得分。

3.1.9 施工企业安全生产应急救援制度的考核评价应符合下列要求：

1 未建立制度且未按照本企业经营范围，并结合本企业的施工特点，制定易发、多发事故部位、工序、分部、分项工程的应急救援预案，未对各项应急预案组织实施演练的，则该评定项目不应得分；

2 应急救援预案的组织、机构、人员和物资的落实，应根据具体情况评定折减分数。

3.2 安全技术管理评价

3.2.1 安全技术管理评价应为对企业安全技术管理工作的考核，其内容应包括法规、标准和操作规程配置，施工组织设计，专项施工方案（措施），安全技术交底，危险源控制等5个评定项目。

3.2.2 施工企业法规、标准和操作规程配置及实施情况的考核评价应符合下列要求：

1 未配置与企业生产经营内容相适应的、现行的有关安全生产方面的法规、标准，以及各工种安全技术操作规程，并未及时组织学习和贯彻的，则该评定项目不应得分；

2 配置不齐全，应根据具体情况评定折减分数。

3.2.3 施工企业施工组织设计编制和实施情况的考核评价应符合下列要求：

1 未建立施工组织设计编制、审核、批准制度的，则该评定项目不应得分；

2 安全技术措施的针对性及审核、审批程序的实施情况等，应根据具体情况评定折减分数。

3.2.4 施工企业专项施工方案（措施）编制和实施情况的考核评价应符合下列要求：

1 未建立对危险性较大的分部、分项工程专项施工方案编制、审核、批准制度的，则该评定项目不应得分；

2 制度的执行，应根据具体情况评定折减分数。

3.2.5 施工企业安全技术交底制定和实施情况的考核评价应符合下列要求：

1 未制定安全技术交底规定的，则该评定项目不应得分；

2 安全技术交底资料的内容、编制方法及交底程序的执行，应根据具体情况评定折减分数。

3.2.6 施工企业危险源控制制度的建立和实施情况的考核评价应符合下列要求：

1 未根据本企业的施工特点，建立危险源监管制度的，则该评定项目不应得分；

    2 危险源公示、告知及相应的应急预案编制和实施，应根据具体情况评定折减分数。

3.3 设备和设施管理评价

3.3.1 设备和设施管理评价应为对企业设备和设施安全管理工作的考核，其内容应包括设备安全管理、设施和防护用品、安全标志、安全检查测试工具等 4 个评定项目。

3.3.2 施工企业设备安全管理制度的建立和实施情况的考核评价应符合下列要求：

    1 未建立机械、设备（包括应急救援器材）采购、租赁、安装、拆除、验收、检测、使用、检查、保养、维修、改造和报废制度的，则该评定项目不应得分；

    2 设备的管理台账、技术档案、人员配备及制度落实，应根据具体情况评定折减分数。

3.3.3 施工企业设施和防护用品制度的建立及实施情况的考核评价应符合下列要求：

    1 未建立安全设施及个人劳保用品的发放、使用管理制度的，则该评定项目不应得分；

    2 安全设施及个人劳保用品管理的实施及监管，应根据具体情况评定折减分数。

3.3.4 施工企业安全标志管理规定的制定和实施情况的考核评价应符合下列要求：

    1 未制定施工现场安全警示、警告标识、标志使用管理规定的，则该评定项目不应得分；

    2 管理规定的实施、监督和指导，应根据具体情况评定折减分数。

3.3.5 施工企业安全检查测试工具配备制度的建立和实施情况的考核评价应符合下列要求：

    1 未建立安全检查检验仪器、仪表及工具配备制度的，则该评定项目不应得分；

    2 配备及使用，应根据具体情况评定折减分数。

3.4 企业市场行为评价

3.4.1 企业市场行为评价应为对企业安全管理市场行为的考核，其内容包括安全生产许可证、安全生产文明施工、安全质量标准化达标、资质机构与人员管理制度等4个评定项目。

3.4.2 施工企业安全生产许可证许可状况的考核评价应符合下列要求：

    1 未取得安全生产许可证而承接施工任务的、在安全生产许可证暂扣期间承接工程的、企业承发包工程项目的规模和施工范围与本企业资质不相符的，则该评定项目不应得分；

    2 企业主要负责人、项目负责人和专职安全管理人员的配备和考核，应根据具体情况评定折减分数。

3.4.3 施工企业安全生产文明施工动态管理行为的考核评价应符合下列要求：

    1 企业资质因安全生产、文明施工受到降级处罚的，则该评定项目不应得分；

    2 其他不良行为，视其影响程度、处理结果等，应根据具体情况评定折减分数。

3.4.4 施工企业安全质量标准化达标情况的考核评价应符合下列要求：

    1 本企业所属的施工现场安全质量标准化年度达标合格率低于国家或地方规定的，则该评定项目不应得分；

    2 安全质量标准化年度达标优良率低于国家或地方规定的，应根据具体情况评定折减分数。

3.4.5 施工企业资质、机构与人员管理制度的建立和人员配备情况的考核评价应符合下列要求：

    1 未建立安全生产管理组织体系、未制定人员资格管理制度、未按规定设置专职安全管理机构、未配备足够的安全生产专管人员的，则该评定项目不应得分；

    2 实行分包的，总承包单位未制定对分包单位资质和人员资格管理制度并监督落实的，则该评定项目不应得分。

3.5 施工现场安全管理评价

3.5.1 施工现场安全管理评价应为对企业所属施工现场安全状况的考核，其内容应包括施工现场安全达标、安全文明资金保障、资质和资格管理、生产安全事故控制、设备设施工艺选用、保险等 6 个评定项目。

3.5.2 施工现场安全达标考核，企业应对所属的施工现场按现行规范标准进行检查，有一个工地未达到合格标准的，则该评定项目不应得分。

3.5.3 施工现场安全文明资金保障，应对企业按规定落实其所属施工现场安全生产、文明施工资金的情况进行考核，有一个施工现场未将施工现场安全生产、文明施工所需资金编制计划并实施、未做到专款专用的，则该评定项目不应得分。

3.5.4 施工现场分包资质和资格管理规定的制定以及施工现场控制情况的考核评价应符合下列要求：

    1 未制定对分包单位安全生产许可证、资质、资格管理及施工现场控制的要求和规定，且在总包与分包合同中未明确参建各方的安全生产责任，分包单位承接的施工任务不符合其所具有的安全资质，作业人员不符合相应的安全资格，未按规定配备项目经理、专职或兼职安全生产管理人员的，则该评定项目不应得分；

    2 对分包单位的监督管理，应根据具体情况评定折减分数。

3.5.5 施工现场生产安全事故控制的隐患防治、应急预案的编制和实施情况的考核评价应符合下列要求：

    1 未针对施工现场实际情况制定事故应急救援预案的，则该评定项目不应得分；

    2 对现场常见、多发或重大隐患的排查及防治措施的实施，应急救援组织和救援物资的落实，应根据具体情况评定折减分数。

3.5.6 施工现场设备、设施、工艺管理的考核评价应符合下列要求：

1 使用国家明令淘汰的设备或工艺，则该评定项目不应得分；

2 使用不符合国家现行标准的且存在严重安全隐患的设施，则该评定项目不应得分；

3 使用超过使用年限或存在严重隐患的机械、设备、设施、工艺的，则该评定项目不应得分；

4 对其余机械、设备、设施以及安全标识的使用情况，应根据具体情况评定折减分数；

5 对职业病的防治，应根据具体情况评定折减分数。

3.5.7 施工现场保险办理情况的考核评价应符合下列要求：

1 未按规定办理意外伤害保险的，则该评定项目不应得分；

2 意外伤害保险的办理实施，应根据具体情况评定折减分数。

4 评 价 方 法

4.0.1 施工企业每年度应至少进行一次自我考核评价。发生下列情况之一时，企业应再进行复核评价：

    1 适用法律、法规发生变化时；

    2 企业组织机构和体制发生重大变化后；

    3 发生生产安全事故后；

    4 其他影响安全生产管理的重大变化。

4.0.2 施工企业考核自评应由企业负责人组织，各相关管理部门均应参与。

4.0.3 评价人员应具备企业安全管理及相关专业能力，每次评价不应少于 3 人。

4.0.4 对施工企业安全生产条件的量化评价应符合下列要求：

    1 当施工企业无施工现场时，应采用本标准附录 A 中表 A-1～表 A-4 进行评价；

    2 当施工企业有施工现场时，应采用本标准附录 A 中表 A-1～表 A-5 进行评价；

    3 施工企业的安全生产情况应依据自评价之月起前 12 个月以来的情况，施工现场应依据自开工日起至评价时的安全管理情况；

    4 施工现场评价结论，应取抽查及核验的施工现场评价结果的平均值，且其中不得有一个施工现场评价结果为不合格。

4.0.5 抽查及核验企业在建施工现场，应符合下列要求：

    1 抽查在建工程实体数量，对特级资质企业不应少于 8 个施工现场；对一级资质企业不应少于 5 个施工现场；对一级资质以下企业不应小于 3 个施工现场；企业在建工程实体少于上述规定数量的，则应全数检查；

2 核验企业所属其他在建施工现场安全管理状况，核验总数不应少于企业在建工程项目总数的 50%。

4.0.6 抽查发生因工死亡事故的企业在建施工现场，应按事故等级或情节轻重程度，在本标准第 4.0.5 条规定的基础上分别增加 2～4 个在建工程项目；应增加核验企业在建工程项目总数的 10%～30%。

4.0.7 对评价时无在建工程项目的企业，应在企业有在建工程项目时，再次进行跟踪评价。

4.0.8 安全生产条件和能力评分应符合下列要求：

1 施工企业安全生产评价应按评定项目、评分标准和评分方法进行，并应符合本标准附录 A 的规定，满分分值均应为 100 分；

2 在评价施工企业安全生产条件能力时，应采用加权法计算，权重系数应符合表 4.0.8 的规定，并应按本标准附录 B 进行评价。

表 4.0.8　权重系数

评价内容			权重系数
无施工项目	①	安全生产管理	0.3
	②	安全技术管理	0.2
	③	设备和设施管理	0.2
	④	企业市场行为	0.3
有施工项目	①②③④加权值		0.6
	⑤	施工现场安全管理	0.4

4.0.9 各评分表的评分应符合下列要求：

1 评分表的实得分数应为各评定项目实得分数之和；

2 评分表中的各个评定项目应采用扣减分数的方法，扣减分数总和不得超过该项目的应得分数；

3 项目遇有缺项的，其评分的实得分应为可评分项目的实得分之和与可评分项目的应得分之和比值的百分数。

5 评 价 等 级

5.0.1 施工企业安全生产考核评定应分为合格、基本合格、不合格三个等级，并宜符合下列要求：

    1 对有在建工程的企业，安全生产考核评定宜分为合格、不合格2个等级；

    2 对无在建工程的企业，安全生产考核评定宜分为基本合格、不合格2个等级。

5.0.2 考核评价等级划分应按表5.0.2核定。

表 5.0.2 施工企业安全生产考核评价等级划分

考核评价等级	考 核 内 容		
	各项评分表中的实得分数为零的项目数（个）	各评分表实得分数（分）	汇总分数（分）
合格	0	≥70 且其中不得有一个施工现场评定结果为不合格	≥75
基本合格	0	≥70	≥75
不合格	出现不满足基本合格条件的任意一项时		

附录 A 施工企业安全生产评价表

表 A-1 安全生产管理评分表

序号	评定项目	评 分 标 准	评分方法	应得分	扣减分	实得分
1	安全生产责任制度	• 企业未建立安全生产责任制度，扣 20 分，各部门、各级（岗位）安全生产责任制度不健全，扣 10～15 分； • 企业未建立安全生产责任制考核制度，扣 10 分，各部门、各级对各自安全生产责任制未执行，每起扣 2 分； • 企业未按考核制度组织检查并考核的，扣 10 分，考核不全面扣 5～10 分； • 企业未建立、完善安全生产管理目标，扣 10 分，未对管理目标实施考核的，扣 5～10 分； • 企业未建立安全生产考核、奖惩制度扣 10 分，未实施考核和奖惩的，扣 5～10 分	查企业有关制度文本；抽查企业各部门、所属单位有关责任人对安全生产责任制的知晓情况，查确认记录，查企业考核记录。 查企业文件，查企业对下属单位各级管理目标设置及考核情况记录；查企业安全生产奖惩制度文本和考核、奖惩记录	20		
2	安全文明资金保障制度	• 企业未建立安全生产、文明施工资金保障制度扣 20 分； • 制度无针对性和具体措施的，扣 10～15 分； • 未按规定对安全生产、文明施工措施费的落实情况进行考核，扣 10～15 分	查企业制度文本、财务资金预算及使用记录	20		

序号	评定项目	评 分 标 准	评分方法	应得分	扣减分	实得分
3	安全教育培训制度	• 企业未按规定建立安全培训教育制度，扣15分； • 制度未明确企业主要负责人，项目经理，安全专职人员及其他管理人员，特种作业人员，待岗、转岗、换岗职工，新进单位从业人员安全培训教育要求的，扣5～10分； • 企业未编制年度安全培训教育计划，扣5～10分，企业未按年度计划实施的，扣5～10分	查企业制度文本、企业培训计划文本和教育的实施记录、企业年度培训教育记录和管理人员的相关证书	15		
4	安全检查及隐患排查制度	• 企业未建立安全检查及隐患排查制度，扣15分，制度不全面、不完善的，扣5～10分； • 未按规定组织检查的，扣15分，检查不全面、不及时的，扣5～10分； • 对检查出的隐患未采取定人、定时、定措施进行整改的，每起扣3分，无整改复查记录的，每起扣3分； • 对多发或重大隐患未排查或未采取有效治理措施的，扣3～15分	查企业制度文本、企业检查记录、企业对隐患整改消项、处置情况记录、隐患排查统计表	15		
5	生产安全事故报告处理制度	• 企业未建立生产安全事故报告处理制度，扣15分； • 未按规定及时上报事故的，每起扣15分； • 未建立事故档案扣5分； • 未按规定实施对事故的处理及落实"四不放过"原则的，扣10～15分	查企业制度文本； 查企业事故上报及结案情况记录	15		

序号	评定项目	评 分 标 准	评分方法	应得分	扣减分	实得分
6	安全生产应急救援制度	• 未制定事故应急救援预案制度的，扣15分，事故应急救援预案无针对性的，扣5～10分； • 未按规定制定演练制度并实施的，扣5分； • 未按预案建立应急救援组织或落实救援人员和救援物资的，扣5分	查企业应急预案的编制、应急队伍建立情况以相关演练记录、物资配备情况	15		
分项评分				100		

评分员：　　　　　　　　　　　　　　　　　　　　　年　　　月　　　日

表 A-2　安全技术管理评分表

序号	评定项目	评 分 标 准	评分方法	应得分	扣减分	实得分
1	法规、标准和操作规程配置	• 企业未配备与生产经营内容相适应的现行有关安全生产方面的法律、法规、标准、规范和规程的，扣10分，配备不齐全，扣3～10分； • 企业未配备各工种安全技术操作规程，扣10分，配备不齐全的，缺一个工种扣1分； • 企业未组织学习和贯彻实施安全生产方面的法律、法规、标准、规范和规程，扣3～5分	查企业现有的法律、法规、标准、操作规程的文本及贯彻实施记录	10		
2	施工组织设计	• 企业无施工组织设计编制、审核、批准制度的，扣15分； • 施工组织设计中未明确安全技术措施的扣10分； • 未按程序进行审核、批准的，每起扣3分	查企业技术管理制度，抽查企业备份的施工组织设计	15		

序号	评定项目	评 分 标 准	评分方法	应得分	扣减分	实得分
3	专项施工方案（措施）	• 未建立对危险性较大的分部、分项工程编写、审核、批准专项施工方案制度的，扣25分； • 未实施或按程序审核、批准的，每起扣3分； • 未按规定明确本单位需进行专家论证的危险性较大的分部、分项工程名录（清单）的，每起扣3分	查企业相关规定、实施记录和专项施工方案备份资料	25		
4	安全技术交底	• 企业未制定安全技术交底规定的，扣25分； • 未有效落实各级安全技术交底，扣5~10分； • 交底无书面记录，未履行签字手续，每起扣1~3分	查企业相关规定、企业实施记录	25		
5	危险源控制	• 企业未建立危险源监管制度，扣25分； • 制度不齐全、不完善的，扣5~10分； • 未根据生产经营特点明确危险源的，扣5~10分； • 未针对识别评价出的重大危险源制定管理方案或相应措施，扣5~10分； • 企业未建立危险源公示、告知制度的，扣8~10分	查企业规定及相关记录	25		
分项评分				100		

评分员： 　　　　　　　　　　　　　　年　　月　　日

表 A-3 设备和设施管理评分表

序号	评定项目	评分标准	评分方法	应得分	扣减分	实得分
1	设备安全管理	• 未制定设备（包括应急救援器材）采购、租赁、安装（拆除）、验收、检测、使用、检查、保养、维修、改造和报废制度，扣30分； • 制度不齐全、不完善的，扣10～15分； • 设备的相关证书不齐全或未建立台账的，扣3～5分； • 未按规定建立技术档案或档案资料不齐全的，每起扣2分； • 未配备设备管理的专（兼）职人员的，扣10分	查企业设备安全管理制度，查企业设备清单和管理档案	30		
2	设施和防护用品	• 未制定安全物资供应单位及施工人员个人安全防护用品管理制度的，扣30分； • 未按制度执行的，每起扣2分； • 未建立施工现场临时设施（包括临时建、构筑物、活动板房）的采购、租赁、搭设与拆除、验收、检查、使用的相关管理规定的，扣30分； • 未按管理规定实施或实施有缺陷的，每项扣2分	查企业相关规定及实施记录	30		
3	安全标志	• 未制定施工现场安全警示、警告标识、标志使用管理规定的，扣20分； • 未定期检查实施情况的，每项扣5分	查企业相关规定及实施记录	20		
4	安全检查测试工具	• 企业未制定施工场所安全检查、检验仪器、工具配备制度的，扣20分； • 企业未建立安全检查、检验仪器、工具配备清单的，扣5～15分	查企业相关记录	20		
分项评分				100		

评分员：　　　　　　　　　　　　　　　　　　　　　年　　　月　　　日

131

表 A-4　企业市场行为评分表

序号	评定项目	评 分 标 准	评分方法	应得分	扣减分	实得分
1	安全生产许可证	• 企业未取得安全生产许可证而承接施工任务的，扣20分； • 企业在安全生产许可证暂扣期间继续承接施工任务的，扣20分； • 企业资质与承发包生产经营行为不相符，扣20分； • 企业主要负责人、项目负责人、专职安全管理人员持有的安全生产合格证书不符合规定要求的，每起扣10分	查安全生产许可证及各类人员相关证书	20		
2	安全生产文明施工	• 企业资质受到降级处罚，扣30分； • 企业受到暂扣安全生产许可证的处罚，每起扣5～30分； • 企业受当地建设行政主管部门通报处分，每起扣5分； • 企业受当地建设行政主管部门经济处罚，每起扣5～10分； • 企业受到省级及以上通报批评每次扣10分，受到地市级通报批评每次扣5分	查各级行政主管部门管理信息资料，各类有效证明材料	30		
3	安全质量标准化达标	• 安全质量标准化达标优良率低于规定的，每5%扣10分； • 安全质量标准化年度达标合格率低于规定要求的，扣20分	查企业相应管理资料	20		
4	资质、机构与人员管理	• 企业未建立安全生产管理组织体系（包括机构和人员等）、人员资格管理制度的，扣30分； • 企业未按规定设置专职安全管理机构的，扣30分，未按规定配足安全生产专管人员的，扣30分； • 实行总、分包的企业未制定对分包单位资质和人员资格管理制度的，扣30分，未按制度执行的，扣30分	查企业制度文本和机构、人员配备证明文件，查人员资格管理记录及相关证件，查总、分包单位的管理资料	30		
分项评分				100		

评分员：　　　　　　　　　　　　　　　　　　年　　月　　日

表 A-5　施工现场安全管理评分表

序号	评定项目	评　分　标　准	评分方法	应得分	扣减分	实得分
1	施工现场安全达标	• 按《建筑施工安全检查标准》JGJ 59 及相关现行标准规范进行检查，不合格的，每 1 个工地扣 30 分	查现场及相关记录	30		
2	安全文明资金保障	• 未按规定落实安全防护、文明施工措施费，发现一个工地扣 15 分	查现场及相关记录	15		
3	资质和资格管理	• 未制定对分包单位安全生产许可证、资质、资格管理及施工现场控制的要求和规定，扣 15 分，管理记录不全扣 5～15 分； • 合同未明确参建各方安全责任，扣 15 分； • 分包单位承接的项目不符合相应的安全资质管理要求，或作业人员不符合相应的安全资格管理要求扣 15 分； • 未按规定配备项目经理、专职或兼职安全生产管理人员（包括分包单位），扣 15 分	查对管理记录、证书，抽查合同及相应管理资料	15		
4	生产安全事故控制	• 对多发或重大隐患未排查或未采取有效措施的，扣 3～15 分； • 未制定事故应急救援预案的，扣 15 分，事故应急救援预案无针对性的，扣 5～10 分； • 未按规定实施演练的，扣 5 分； • 未按预案建立应急救援组织或落实救援人员和救援物资的，扣 5～15 分	查检查记录及隐患排查统计表，应急预案的编制及应急队伍建立情况以及相关演练记录、物资配备情况	15		

序号	评定项目	评 分 标 准	评分方法	应得分	扣减分	实得分
5	设备、设施、工艺选用	• 现场使用国家明令淘汰的设备或工艺的，扣 15 分； • 现场使用不符合标准的、且存在严重安全隐患的设施，扣 15 分； • 现场使用的机械、设备、设施、工艺超过使用年限或存在严重隐患的，扣 15 分； • 现场使用不合格的钢管、扣件的，每起扣 1~2 分； • 现场安全警示、警告标志使用不符合标准的扣 5~10 分； • 现场职业危害防治措施没有针对性扣 1~5 分	查现场及相关记录	15		
6	保险	• 未按规定办理意外伤害保险的，扣 10 分； • 意外伤害保险办理率不足 100%，每低 2%扣 1 分	查现场及相关记录	10		
分项评分				100		

评分员：　　　　　　　　　　　　　　　　　　年　　月　　日

附录 B 施工企业安全生产评价汇总表

评价类型：□市场准入□发生事故□不良业绩□资质评价□日常管理□年终评价□其他

企业名称：_____ 经济类型：_____

资质等级：_____ 上年度施工产值：_____ 在册人数：_____

评 价 内 容			评 价 结 果				
			零分项（个）	应得分数（分）	实得分数（分）	权重系数	加权分数
无施工项目	表 A-1	安全生产管理				0.3	
	表 A-2	安全技术管理				0.2	
	表 A-3	设备和设施管理				0.2	
	表 A-4	企业市场行为				0.3	
	汇总分数①＝ 表 A-1～表 A-4 加权值					0.6	
有施工项目	表 A-5	施工现场安全管理				0.4	
	汇总分数②＝汇总分数① ×0.6＋表 A-5×0.4						
评价意见：							
评价负责人（签名）			评价人员（签名）				
企业负责人（签名）			企业签章				

年　　月　　日

135

本标准用词说明

1　为便于在执行本标准条文时区别对待，对要求严格程度不同的用词说明如下：

1）表示很严格，非这样做不可的：

正面词采用"必须"，反面词采用"严禁"；

2）表示严格，在正常情况下均应这样做的：

正面词采用"应"，反面词采用"不应"或"不得"；

3）表示允许稍有选择，在条件许可时首先应这样做的：

正面词采用"宜"，反面词采用"不宜"；

4）表示有选择，在一定条件下可以这样做的，采用"可"。

2　条文中指明应按其他有关标准执行的写法为"应符合……的规定"或"应按……执行"。

引用标准名录

《建筑施工安全检查标准》JGJ 59

中华人民共和国行业标准

施工企业安全生产评价标准

JGJ/T 77－2010

条 文 说 明

制 订 说 明

《施工企业安全生产评价标准》JGJ/T 77‐2010 经住房和城乡建设部 2010 年 5 月 18 日以第 575 号公告批准、发布。

本标准是在《施工企业安全生产评价标准》JGJ/T 77‐2003 的基础上修订而成，上一版的主编单位是上海市建设工程安全质量监督总站，参编单位是上海市第七建筑有限公司、同济大学、上海市建筑业联合会工程建设监督委员会、山东省建管局、黑龙江省建设工程安全监督站、重庆市建设工程安监站、天津建工集团、北京建工集团、深圳市施工安监站。

本标准修订过程中，编制组进行了大量的调查研究，总结了我国工程建设施工企业安全生产评价的实践经验。

为便于广大设计、施工、科研、学校等单位有关人员在使用本标准时能正确理解和执行条文规定，《施工企业安全生产评价标准》编制组按章、节、条顺序编制了本标准的条文说明，对条文规定的目的、依据以及执行中需注意的有关事项进行了说明。但是，本条文说明不具备与标准正文同等的法律效力，仅供使用者作为理解和把握标准规定的参考。

目　次

1 总　　则

1.0.1 本标准依据《中华人民共和国安全生产法》、《中华人民共和国建筑法》、《建设工程安全生产管理条例》、《安全生产许可证条例》等有关法律、法规的要求制定。

1.0.2 本标准适用于企业对其自身管理条件和能力的自我评价，或者其他方对企业的安全生产条件和能力的评价。

3 评 价 内 容

3.1 安全生产管理评价

3.1.1 说明了本标准的评价内容。

3.1.2 明确考核评价工作以评分表形式进行。

3.1.3 明确了施工企业安全生产管理的 6 个评定项目内容。

3.1.4 安全生产责任是搞好安全工作的最基本保证，没有责任就无法实施保障安全生产的法律、法规，就会造成违章冒险作业，伤亡事故自然无法控制。在《中华人民共和国安全生产法》、《中华人民共和国建筑法》、《安全生产许可证条例》、《建设工程安全生产管理条例》等法律、法规中，都有关于建立安全管理责任制度的严格要求。

3.1.5 为落实施工企业安全工作的物质保证，本条明确了企业安全生产、文明施工资金的安排、使用和管理要求。

3.1.6 加强企业安全教育培训，是增强全员安全意识，提高安全防范技能的有效途径。本条明确了施工企业安全培训教育工作的对象、内容和日常管理要求。

3.1.7 施工企业的安全检查和隐患排查，是企业发现、消除安全隐患，总结经验，控制事故的有效手段。本条明确了企业安全检查和隐患排查的相关要求。

3.1.8 施工企业对发生的事故及时做好"四不放过"，有助于企业吸取事故教训，总结经验，改善企业安全施工条件，提升安全管理水平。本条明确了企业生产安全事故的报告、处理要求。

3.1.9 施工企业建立事故应急救援预案，在发生事故时，有利于企业减少事故损失、降低不良影响，同时也是提高企业员工安全防范技能，提升企业安全管理水平的有效途径之一。本条明确了企业生产安全事故应急救援预案编制和实施的各项要求。

3.2 安全技术管理评价

3.2.1 明确了施工企业安全技术管理的 5 个评定项目内容。

3.2.2 安全法规、标准和操作规程的配备是施工企业实施安全生产管理工作的前提。本条明确了企业对安全法规、标准和操作规程等配备的要求。

3.2.3 施工组织设计是施工企业项目施工的指导性文件，本条明确了施工企业施工组织设计编制以及管理的要求。

3.2.4 专项施工方案是针对危险性较大的分部、分项工程编制的指导性文件，本条明确了施工企业专项施工方案编制以及管理的要求。

3.2.5 安全技术交底是针对性较强的分部、分项工程施工安全的作业指导书。本条明确了对施工企业安全技术交底的制定和实施情况的考核要求。

3.2.6 加强对施工危险源的监管和公示、告知，是切实消除安全隐患，杜绝工伤事故发生的有效手段。本条明确了对施工企业危险源控制制度的建立和实施情况的考核要求。

3.3 设备和设施管理评价

3.3.1 明确了施工企业设备和设施管理的 4 个评定项目内容。

3.3.2 规范施工企业设备管理，能有效控制施工现场设备方面的安全隐患，本条明确了施工企业对设备管理制度编制和实施的要求。

3.3.3 施工企业安全设施和个人防护用品的合理配置，可以最大限度保护施工现场作业人员，防止工伤事故的发生，减轻事故造成的损失。本条明确了施工企业设施和防护用品管理制度的编制和实施的要求。

3.3.4 安全标志的正确使用，可以引导施工现场作业人员采取正确、安全的生产行为。本条明确了施工企业安全标志管理规定的制定和实施的要求。

3.3.5 安全检查测试工具是施工企业安全检查所必需的工具。本条明确了施工企业安全检查测试工具配备制度的建立和实施的要求。

3.4 企业市场行为评价

3.4.1 明确了施工企业市场行为的4个评定项目内容。

3.4.2 企业应规范其市场经营行为，只有在具备安全生产许可、符合企业资质和管理能力的前提下，承接生产经营任务。本条明确了对施工企业许可状况考核的要求。

3.4.3 抓好企业安全生产、文明施工工作，是消除企业安全隐患，控制工伤事故发生的有效措施，为保证企业安全管理工作持续受控，要加强对安全生产、文明施工的考核，促进该项工作的长效管理。本条明确了对企业安全生产、文明施工动态管理行为考核的要求。

3.4.4 安全质量标准化是促进施工企业安全生产责任落实、规范企业安全管理的重要手段。本条明确了对施工企业安全质量标准化达标情况考核的要求。

3.4.5 施工企业应根据企业规模建立自身安全管理组织体系，本条明确了对施工企业安全管理机构及人员配备情况进行考核的要求。

3.5 施工现场安全管理评价

3.5.1 明确了施工现场安全管理的6个评定项目内容。

3.5.2 施工现场是容易发生事故的场所，现场如不能按照标准来做，就必然存在安全隐患，随时有发生事故的危险，所以企业的每个施工现场必须按照规范标准要求，达到合格，这是保障企业不发生事故的一项根本措施。

3.5.3 保障施工现场安全生产、文明施工所需资金，是抓好现场安全管理工作的物质保证。本条明确了对施工现场安全生产、文明施工资金的落实和使用情况的考核要求。

3.5.4 抓好施工现场分包单位的资质、资格审核，督促其配备符合其承接施工任务所需的安全管理人员，是落实总包项目安全管理工作的前提。本条明确了对施工现场分包资质资格管理规定的制定和现场实施情况的考核要求。

3.5.5 施工现场加强安全检查和隐患排查，发现、消除安全隐患，制定应急救援预案，是控制事故的有效手段。本条明确了对施工现场隐患防治和应急预案编制、实施情况的考核要求。

3.5.6 企业发生伤亡事故的重要原因之一是施工现场使用了存在严重隐患的机械、设备、设施、工艺等，这些产品不禁止、不消除，安全隐患便始终存在，随时有发生安全事故的危险。因此，在《中华人民共和国安全生产法》、《安全生产许可证条例》等法律、法规中也强调杜绝、淘汰存在严重隐患的机械、设备、设施、工艺等。

3.5.7 按规定办理保险，是重视施工作业人员生命安全的一项重要举措，也是构建和谐社会的切实组成部分。本条明确了对施工现场保险办理情况的考核要求。

4 评 价 方 法

4.0.1 明确了施工企业每年至少一次的自我考核评价的频次以及进行复核评价的前提条件。

4.0.4 对本条第1款、第4款说明如下：

1 可能存在新成立的企业暂时无施工项目的情况，《施工现场安全管理评分表》表 A-5 作为缺项处理，使本标准的适用性更强。

4 用《施工现场安全管理评分表》评分时，会涉及多个施工现场，评分方法为评分人员各自按工地打分，然后取平均值，且其中不得有评分不合格的施工现场。

4.0.5 对本条各款说明如下：

1 规定了评价时应抽查施工现场的数量。

2 对企业的评价应客观、全面。企业所属施工现场的日常情况是企业安全管理情况的最真实反映，应通过对企业所属一定数量工地的常态管理情况来辅助评价。可依据当地建设行政主管部门的日常监管记录、企业自查记录、相关证书等资料进行检验式抽查。

4.0.6 事故也有一定的偶然性，故抽查项目数考虑有一定的自由度。

4.0.7 对暂时无在建工程项目的企业，评价结论还是不能全面反映真实状况，针对这种缺陷，评价应分两次进行，即第一次评价作为初评，当企业有在建工程后，再次评价，可作为最终结论。

对仅有初评结论的企业，各地建设行政主管部门可制定相应的管理措施。

4.0.8 对各评分表引入了权数概念，是参照了国际先进的安全管理理念，同时结合了对企业、政府监督管理机构的调研，表A-1、表A-4分别占0.3的权数，是为强调企业制度建设、规范企业的市场行为的重要性。

结合表A-5《施工现场安全管理评分表》评分时，表A-1~表A-4加权汇总值所占权数为0.6，而表A-5权数为0.4，提高了施工现场评分的权重，突出施工现场管理的重要性，施工现场安全评价结果很大程度上决定了施工企业安全生产整体评价结果，这样更符合施工企业的生产特点。

4.0.9 本条第3款是针对评定项目中出现缺项的情况而定的，如对无工程项目的新建企业进行评分时，表A-4中的"3"项目即为缺项。

5 评 价 等 级

5.0.1 规定了本标准的评价等级分为合格、基本合格和不合格三个等级。被评价企业暂时无施工现场，则评价结论最高等级为基本合格，即对无在建工程的企业设定标识，以便于跟踪管理。

5.0.2 依据施工企业安全生产评价各评分表的评分量化结果，在经过汇总后，评价等级划分的原则是：合格和基本合格的一项共同标准为各评分表中无实得分数为零的评定项目，因为评分表中的条款均是企业满足安全生产条件的基本条件，必须做到，所以本标准不设置优良等级。

同时规定加权汇总后实得分数保证数值及各评分表的实得分数保证数值，这样既保证了单项评分实得分数数值，又限制了各评定项目之间的得分差距，以确保各评定项目均能保持一定水准。

附录 A 施工企业安全生产评价表

表 A-1《安全生产管理评分表》主要是对施工企业的安全基础管理工作进行评价。根据《中华人民共和国安全生产法》提出的安全生产保障、安全生产监督管理、事故的应急救援和调查处理要求，在本评分表中分为安全生产责任制度、安全文明资金保障制度、安全教育培训制度、安全检查及隐患排查制度、生产安全事故报告处理制度、安全生产应急救援制度 6 个评定项目。

企业应建立以上各项基本管理制度，并针对各企业的实际情况进一步充实。安全检查制度中新增隐患排查制度，是要求在检查、落实整改的前提下，再对各类检查发现的隐患首先进行分类：是一般隐患还是重大隐患，"一般隐患"是指危害或整改难度小，检查发现后能够立即整改排除的隐患；"重大隐患"是指危害或整改难度大，应当全部或局部停止施工作业，并经过一定时间整改和治理方能排除的隐患。其次定期进行汇总统计，以查明哪些是多发或重大隐患需要进行治理（从人、机、料、法、环等环节采取综合措施）。

表 A-2《安全技术管理评分表》主要为法规、标准和操作规程配置，施工组织设计，专项施工方案（措施），安全技术交底，危险源控制 4 个评定项目。

企业可通过购置、自行编制等方式配备齐全现行的、与企业经营活动相关的法规、标准和操作规程，并组织好对应的学习、贯彻工作。制定施工组织设计、针对危险性较大的分部、分项工程的专项方案（措施）的编制、审核、审批制度以及安全技术交底制度。

各施工企业应结合原建设部《危险性较大工程安全专项施工方案编制及专家论证审查办法》要求，根据承包工程的类型、特征、规模及自身管理水平等情况，明确本企业所属工程危险性较大的分部、分项工程范围，预先掌握施工信息，建立、完善监管制度，包括信息收集、专项方案编制审批权限、专家论证程序、现场监控管理要求等。按照《中华人民共和国安全生产法》中关于从业人员的权利和义务的规定，施工企业应对本企业施工现场的危险源进行公示。

表 A-3《设备和设施管理评分表》主要为设备安全管理、设施和防护用品、安全标志、安全检查测试工具 4 个评定项目。

企业应对本单位各类设备（包括各类特种设备、大型设备，如龙门架或井字架、各类塔式起重机、履带起重机、汽车（轮胎式）起重机、施工升降机、土方工程机械、桩机工程机械等）的采购、租赁、安装（拆除）、验收、检测、使用、检查、保养、维修、改造和报废等管理工作进行控制。

对企业的安全设施所需材料（如：搭设脚手架所需钢管、扣件、脚手板等）、及个人防护用品（如：安全帽、安全网等）的供应单位，企业应对其资质以及生产经历、信誉、生产能力等方面有具体的控制要求。对现场临时设施（包括临时建、构筑物、活动板房）的采购、租赁、搭拆、验收、检查、使用加强管理控制，为施工人员提供一个安全、良好的工作、生活环境。施工企业应建立、健全个人安全防护用品的采购、验收、保管发放、使用、更换、报废等管理制度，为施工人员配备必需的安全防护用品。

企业对施工现场危险源和防护设施的警示标识按照国家标准安全色、安全标志规定设置。

企业应建立日常安全检查工作等所需的检查测试工具的配备、管理制度，建立对应的设备维护、检测清单。

表 A-4《企业市场行为评分表》分为安全生产许可证，安全生产文明施工，安全质量标准化达标，资质、机构与人员管理 4 个评定项目。

本表主要是规范施工企业的市场行为，评价企业对安全生产许可证的管理和保持。通过对企业、企业当地主管部门日常对企业安全文明施工工作的管理业绩以及安全质量标准化工作的开展进行评价，鼓励企业对安全生产、文明施工、安全质量标准化工作的长效管理。为切实加强企业安全管理工作，按照《中华人民共和国安全生产法》等法规要求，企业应建立安全生产管理组织体系，即各项安全管理内容都应有相应的职能机构和岗位落实，而不是仅限于安全管理机构和人员，应建立横向到边、纵向到底的管理网络，负责企业的日常安全生产工作的开展。对实行总、分包的企业，企业应对分包单位的资质以及生产经历、信誉、人员等方面有具体的控制要求。

表 A-5《施工现场安全管理评分表》分为施工现场安全达标，安全文明资金保障，资质和资格管理，生产安全事故控制，设备、设施、工艺选用，保险 6 个评定项目。

施工企业因其生产特点，安全管理工作应立足于对施工现场的管理，从以上 6 个方面加强管理，既符合《中华人民共和国安全生产法》、《中华人民共和国建筑法》、《安全生产许可证条例》、《建设工程安全生产管理条例》等法律、法规的要求，又能为施工现场的从业人员创造一个健康、安全的生产和生活环境。

附录 B 施工企业安全生产评价汇总表

《施工企业安全生产评价汇总表》采用本标准表 A-1～表A-5 五张评分表,通过对施工企业安全生产的评价,汇总分值判定企业安全生产评价等级。

附录二 本书引用的相关主要法律法规文件目录

《中华人民共和国安全生产法》（中华人民共和国主席令第70号）。

《中华人民共和国建筑法》（中华人民共和国主席令第91号）。

《建设工程安全生产管理条例》（中华人民共和国国务院令第373号）。

《安全生产许可证条例》（中华人民共和国国务院令第397号）。

《生产安全事故报告和调查处理条例》（中华人民共和国国务院令第493号，2007年6月）。

《建筑业企业资质管理规定》（中华人民共和国建设部令第159号，2007年）。

《建筑施工企业安全生产许可证管理规定》（中华人民共和国建设部令第128号）。

《建筑起重机械安全监督管理规定》（中华人民共和国建设部令第166号）。

《建筑施工企业安全生产许可证动态监管暂行办法》（建质〔2008〕121号）。

《建设部关于展开建筑施工安全质量标准化工作的指导意见》（建质〔2005〕232号）

《建筑工程安全防护、文明施工措施费用及使用管理规定》（建办〔2005〕89号）。

《关于转发财政部、国家安全生产监督管理总局〈高危行业企业安全生产费用财务管理暂行办法〉的通知》（建质函［2006］366号）。

《关于进一步建立健全工作机制落实建设系统安全生产工作责任制的通知》（建质［2006］132号）。

关于印发《建筑起重机械备案登记办法》的通知（建质［2008］76号）。

《危险性较大的分部分项工程安全管理办法》（建质［2009］87号）。

《建设工程高大模板支撑系统施工安全监督管理导则》（建质［2009］254号）。

《关于进一步开展安全生产隐患排查治理工作的通知》（国办发明电［2008］15号）。

《关于进一步开展建筑安全生产隐患排查治理工作的实施意见》（建质［2008］47号）。

《关于学习和贯彻〈生产安全事故报告和调查处理文件条例〉的意见》（建质［2007］116号）。

《进一步加强建设系统安全事故快报工作的通知》（建质［2006］110号）。

《关于进一步规范房屋建筑和市政工程生产安全事故报告和调查处理工作的若干意见》（建质［2007］257号）。

《关于进一步做好建筑生产安全事故处理工作的通知》（建质［2009］296号）。

《建筑施工企业安全生产管理机构设置及专职安全生产管理人员配备办法》（建质［2008］91号）。

《建筑施工企业主要负责人、项目负责人和专职安全生产管理人员安全生产考核管理暂行规定》（建质［2004］59号）。

《建筑施工特种作业人员管理规定》（建质［2008］75号）。

《建筑业企业职工安全培训教育暂行规定》（建教［1997］83号）。

《关于继续深入开展建筑安全生产标准化工作的通知》（建安

办函［2011］14 号）。

《上海市建筑施工安全质量标准化工作实施办法》（沪建建管
［2009］64 号）。

《建筑施工企业安全生产管理规范》（报批稿）。

《建筑施工作业劳动防护用品配备及使用标准》JGJ
184—2009。